职业教育"十三五"规划教材

电工电子技术技能与实践
习题集

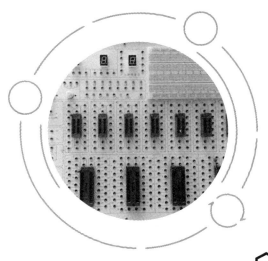

欧阳锷　陈军　王为民　主编

·北京·

本书是欧阳锷、陈军、王为民主编的《电工电子技术技能与实践》（化学工业出版社出版，书号978-7-122-35183-8）教材的配套习题集，该套教材按照看、想、学、做一体化的教学模式编写，贯穿以应用为目的，以必需、够用为度的编写原则，通过典型题型练习，使得学生巩固和提高所学基础知识和基本技能，把基础知识点和技能实践更加有机地结合在一起，最终达到熟练掌握和轻松应用的学习目标。本习题集在书末附有参考答案，以方便读者自我检测，提高学习效果。

图书在版编目（CIP）数据

电工电子技术技能与实践习题集/欧阳锷，陈军，王为民主编. —北京：化学工业出版社，2019.12
职业教育"十三五"规划教材
ISBN 978-7-122-35512-6

Ⅰ.①电⋯ Ⅱ.①欧⋯②陈⋯③王⋯ Ⅲ.①电工技术-职业教育-习题集②电子技术-职业教育-习题集 Ⅳ.①TM-44②TN-44

中国版本图书馆CIP数据核字（2019）第247370号

责任编辑：潘新文　　　　　　　　文字编辑：陈　喆
责任校对：张雨彤　　　　　　　　装帧设计：韩　飞

出版发行：化学工业出版社（北京市东城区青年湖南街13号　邮政编码100011）
印　　刷：三河市航远印刷有限公司
装　　订：三河市宇新装订厂
787mm×1092mm　1/16　印张10½　字数222千字　2020年2月北京第1版第1次印刷

购书咨询：010-64518888　　　　　　售后服务：010-64518899
网　　址：http://www.cip.com.cn
凡购买本书，如有缺损质量问题，本社销售中心负责调换。

定　　价：29.80元　　　　　　　　　　　　　　　　　　　　　版权所有　违者必究

前　言

本书是欧阳锷、陈军、王为民主编的《电工电子技术技能与实践》（化学工业出版社出版，书号 978-7-122-35183-8）教材的配套习题集，该套教材按照看、想、学、做一体化的教学模式编写，贯穿以应用为目的，以必需、够用为度的编写原则，通过典型题型练习，使得学生巩固和提高相关基础知识和基本技能，把理论和技能实践的相关知识点更加有机地结合在一起，最终达到对所学知识和技能的熟练掌握和轻松应用。本习题集在书末配有参考答案供参考，以方便读者自我检测学习效果，提高学习效率。

本习题集由广东省电子信息技师学院杨旭方老师、重庆工程职业技术学院付少华老师、广东省技师学院张国良老师任主审，广东省交通运输技师学院欧阳锷老师、广东省岭南工商第一技师学院陈军老师、广东省技师学院王为民老师任主编，广东省高级技工学校邱吉锋老师和谢志平老师、广东省中山市技师学院谢统辉老师、安徽省宣城市机械电子工程学校（广德县高级技工学校）汪浩根老师任副主编，广东省技师学院曾伟业老师、广东省交通运输技师学院李晓强老师、山东淄博技师学院宋光辉老师、深圳市龙岗职业技术学校尹勇老师、中山市技师学院卢中华老师、山东东营市技师学院王光梅老师、安徽阜阳技师学院张娉老师、海南省洋浦技工学校李松柏老师、上海工业学校张帆老师、广东省技师学院廖兴老师、湖南省郴州技师学院徐湘和老师参编。本习题集在编写过程中，得到了夏青、黄存足、郑楚云、赵冬晚、肖建章、李勇、袁建军、张秋妍、薛林、杨莉、张志芳、王云汉等老师及化学工业出版社的大力协助和支持，在此一并表示衷心的感谢！

限于作者水平和编写时间，书中难免存在疏漏和不妥之处，希望广大师生对本书提出宝贵意见和建议，以便修订时进一步完善！

本习题集适用面较广，可供高职高专院校、中等职业技术学校、技师学院、技工学校相关专业使用。

编者

目 录

第1章 安全用电 … 1

1.1 电能的生产、输送、变换和分配 … 1
1.2 触电急救 … 2
1.3 电工安全操作规程 … 4
1.4 电气防火防爆 … 5

第2章 直流电路 … 6

2.1 电路的概念 … 6
2.2 简单电路的分析 … 9
2.3 复杂电路的分析 … 13

第3章 单相正弦交流电路 … 19

3.1 单相正弦交流电 … 19
3.2 电阻、电感、电容元件电路 … 23
3.3 磁场与电场 … 25
3.4 电磁感应 … 27
3.5 自感与互感 … 29

第4章 三相交流电路 … 31

4.1 三相正弦交流电路 … 31
4.2 电能表 … 33
4.3 三相异步电动机控制线路 … 34

第5章 半导体器件识别与检测 … 37

5.1 半导体基本知识 … 37
5.2 晶体二极管 … 38
5.3 三极管 … 40
5.4 场效应管 … 41

第6章 放大电路 … 43

6.1 放大电路概述 … 43

6.2 共发射极放大电路 ———— 43

6.3 静态工作点稳定的放大电路 ———— 46

6.4 多级放大器 ———— 48

6.5 反馈放大电路 ———— 50

6.6 功率放大器 ———— 51

第 7 章 正弦波振荡器 54

7.1 RC 正弦波振荡器 ———— 54

7.2 LC 正弦波振荡器 ———— 55

7.3 石英晶体正弦波振荡器 ———— 56

第 8 章 集成运算放大器 58

8.1 集成运算放大器的组成和特点 ———— 58

8.2 集成运算放大器基本电路 ———— 59

第 9 章 直流稳压电源 68

9.1 直流稳压电源的组成 ———— 68

9.2 串联型直流稳压电源 ———— 73

9.3 集成稳压器 ———— 75

第 10 章 组合逻辑电路 77

10.1 数字信号与数字电路 ———— 77

10.2 逻辑代数基础 ———— 78

10.3 基本门电路 ———— 79

10.4 CMOS 门电路 ———— 80

10.5 TTL 门电路 ———— 81

10.6 门电路的其他问题 ———— 81

10.7 组合逻辑电路的分析与设计 ———— 82

10.8 加法器 ———— 83

10.9 编码器 ———— 84

10.10 译码器 ———— 84

10.11 数据选择器 ———— 85

10.12 数值比较器 ———— 85

第 11 章 时序逻辑电路 87

11.1 RS 触发器 ———— 87

11.2 JK 触发器 ———— 88

11.3 T 触发器和 D 触发器 ———— 89

11.4 寄存器 ———— 90

11.5 同步时序逻辑电路的分析方法 ———— 91

11.6 计数器 ———— 92

11.7　555 定时器 …………………………………… 93

第 12 章　数模与模数转换器　96

12.1　D/A 转换器 …………………………………… 96
12.2　A/D 转换器 …………………………………… 97

第 13 章　半导体存储器　98

13.1　只读存储器 ROM …………………………… 98
13.2　随机读写存储器 RAM ……………………… 99

第 1 章　习题参考答案　102

1.1　电能的生产、输送、变换和分配 ………… 102
1.2　触电急救 …………………………………… 102
1.3　电工安全操作规程 ………………………… 103
1.4　电气防火防爆 ……………………………… 103

第 2 章　习题参考答案　104

2.1　电路的概念 ………………………………… 104
2.2　简单电路的分析 …………………………… 105

2.3　复杂电路的分析 …………………………… 107

第 3 章　习题参考答案　112

3.1　单相正弦交流电 …………………………… 112
3.2　电阻、电感、电容元件电路 ……………… 113
3.3　磁场与电场 ………………………………… 114
3.4　电磁感应 …………………………………… 115
3.5　自感与互感 ………………………………… 116

第 4 章　习题参考答案　117

4.1　三相正弦交流电路 ………………………… 117
4.2　电能表 ……………………………………… 117
4.3　三相异步电动机控制线路 ………………… 118

第 5 章　习题参考答案　120

5.1　半导体基本知识 …………………………… 120
5.2　晶体二极管 ………………………………… 120
5.3　三极管 ……………………………………… 121
5.4　场效应管 …………………………………… 122

第 6 章　习题参考答案　123

- 6.1　放大电路概述　123
- 6.2　共发射极放大电路　123
- 6.3　静态工作点稳定的放大电路　124
- 6.4　多级放大器　126
- 6.5　反馈放大电路　127
- 6.6　功率放大器　127

第 7 章　习题参考答案　129

- 7.1　RC 正弦波振荡器　129
- 7.2　LC 正弦波振荡器　129
- 7.3　石英晶体正弦波振荡器　130

第 8 章　习题参考答案　131

- 8.1　集成运算放大器的组成和特点　131
- 8.2　集成运算放大器基本电路　132

第 9 章　习题参考答案　137

- 9.1　直流稳压电源的组成　137
- 9.2　串联型直流稳压电源　139
- 9.3　集成稳压器　140

第 10 章　习题参考答案　142

- 10.1　数字信号与数字电路　142
- 10.2　逻辑代数基础　142
- 10.3　基本门电路　143
- 10.4　CMOS 门电路　144
- 10.5　TTL 门电路　144
- 10.6　门电路的其他问题　145
- 10.7　组合逻辑电路的分析与设计　145
- 10.8　加法器　146
- 10.9　编码器　147
- 10.10　译码器　147
- 10.11　数据选择器　148
- 10.12　数值比较器　148

第 11 章　习题参考答案　149

- 11.1　RS 触发器　149
- 11.2　JK 触发器　150
- 11.3　T 触发器和 D 触发器　151

11.4 寄存器 ……………………………………… 151

11.5 同步时序逻辑电路的分析方法 ……… 152

11.6 计数器 ……………………………………… 153

11.7 555 定时器 ………………………………… 153

第 12 章　习题参考答案　156

12.1 D/A 转换器 ……………………………… 156

12.2 A/D 转换器 ……………………………… 156

第 13 章　习题参考答案　158

13.1 只读存储器 ROM ……………………… 158

13.2 随机读写存储器 RAM ………………… 159

参考文献　160

第 1 章　安全用电

1.1　电能的生产、输送、变换和分配

一、填空题

1. 电力系统由发电、输电、_____、_____ 组成。
2. 输电电压的高低，视_____ 和 _____ 而定，一般原则是容量越大，输电越远，输电电压越高。
3. 按发电所用的一次能源的不同，发电可分为火力发电、_____、核能发电、_____、太阳能发电和 _____ 等。
4. 装机容量是一个电厂拥有发电机组的 _____。
5. 为了便于电力的 _____ 和 _____，一个电厂所有机组发出的电力通常都并联起来，形成集中的电力输出。把每台发电机发出的 _____ 进行并联，这个技术操作叫做并车。
6. 将发电厂发出的电能通过不同电压的线路输送到用户的过程称为 _____。
7. 通常把发电和用电之间属于输送和 _____ 的中间环节称为电力网。电力网都采用 _____、_____ 输送电力。电力系统的容量越大，输电距离越长，就要求把 _____ 升得越高。
8. 电力网的输电线路按电压等级分为高压级和 _____ 两种。
9. 变电即变换电力网的电压等级。在大型电力系统中，通常设有一个或几个变电中心，称为 _____。
10. 配电是指电力的分配，简称配电。常用的高压配电电压有 _____ 和 6kV 两种，低压配电电压为 _____。

二、判断题

1. 火力发电厂是利用煤等燃料的化学能来生产电能的工厂。(　　)
2. 抽水蓄能电站是利用江河水流的水能生产电能的工厂。(　　)
3. 变电站是汇集电源、升降电压和分配电力的场所,是联系发电厂和用户的中间环节。(　　)
4. 电力从电厂到用户要经过多级变换,用来升降电压的变压器称为电力变压器。(　　)

三、问答题

1. 试述电力系统中,从发电到用电经过哪几个主要环节。

2. 输电为什么要采取高电压、小电流?

1.2 触电急救

一、填空题

1. 人身触电的方式多种多样,一般可分为＿＿＿＿＿＿和＿＿＿＿＿＿两种。
2. 人体直接触及或过分靠近电气设备及线路的带电体而发生的触电现象称为＿＿＿＿＿＿。＿＿＿＿＿＿、单相触电和＿＿＿＿＿＿都属于直接接触触电。
3. 当电气设备绝缘损坏而发生＿＿＿＿＿＿(俗称"碰壳"或"漏电")时,其金属外壳便带有电压,人体触及便会发生触电,这称为间接接触触电。通常所称的＿＿＿＿＿＿即是间接接触触电。

4. 当电气设备因绝缘损坏而发生接地故障时，如果人体的两个部位（通常是手和脚）同时触及漏电设备的外壳和地面时，人体所承受的_____称为接触电压。

5. 电气设备发生接地故障时，在接地电流入地点周围电位分布区（以电流入地点为圆心，半径20m的范围内）行走的人，两脚之间所承受的电位差称_____。人体受到跨步电压作用时，电流从一只脚到另一只脚与大地形成回路。

6. 在_____和_____周围，存在着强大的电场。处在电场内的物体会因_____作用而带有电压。当人触及这些带有_____的物体时，就会有感应电流通过人体入地而可能使人受到伤害。

7. 频率超过_____的电磁场称为高频电磁场，人体吸收高频电磁场辐射的能量后，器官组织及其功能将受到损伤。

8. 金属物体受到静电感应及绝缘体间的摩擦起电是产生静电的主要原因。运行过的_____或_____绝缘物中会积聚静电。静电的特点是_____，有时可高达数万伏，但能量不大。

9. 雷击是一种自然灾害。其特点是_____、_____但作用时间短。

10. 触电事故具有_____。从统计资料分析来看，_____月份触电事故较多。这是因为夏秋季节多雨潮湿，降低了设备的绝缘性能；人体多汗，_____下降、绝缘鞋和绝缘手套穿戴不齐，所以触电概率大大增加。

11. 触电急救的要点是_____与_____。

12. 对于"呼吸和心跳都已停止"的触电者，应同时采用"口对口人工呼吸法"和"胸外心脏挤压法"进行急救。①一人急救：两种方法应交替进行，即吹气_____次，再挤压心脏_____次，且速度都应快些。②两人急救：每_____吹气一次，每_____挤压一次，两人同时进行。

二、选择题

1. 发现触电情况时，下面哪种措施比较有效？（   ）
   A. 用湿木棍拨开电线   B. 迅速拉下开关，切断电源   C. 用手直接把触电者拉离电源   D. 找医务人员处理

2. 下列行为中，符合安全用电原则的是（   ）。
   A. 用湿手拨动开关   B. 把湿衣服晾在室外电线上
   C. 电线或电器着火，赶紧用水扑火   D. 保持绝缘部分干燥

三、问答题

1. 物体潮湿后电阻会变小，导电能力会增强。因此，不要用湿布擦电灯，不要用湿手触摸用电器。一旦有人触电，在不能立即

切断电源的情况下，应当先用干木棍等绝缘体把电线从人身上拨开，再想办法切断电源。你能用欧姆定律解释其中的原因吗？

2. 为什么高大建筑物上安装避雷针可以避雷？

3. 发现有人触电时，为什么不能用手去拉？应该怎样做？

1.3　电工安全操作规程

1. 电气线路在未经测电笔确定无电前，应一律视为_____，不可用手触摸，不可绝对相信绝缘体，应认为这是有电操作。
2. 维修线路要采取必要的措施，在开关手把上或线路上悬挂"_____"的警告牌，防止他人中途送电。
3. 使用测电笔时要注意测试电压范围，禁止超出范围使用，电工人员一般使用的电笔，只许在_____以下电压使用。
4. 发生火警时，应立即切断电源，用_____灭火器或黄砂扑救，严禁用_____扑救。
5. 所用导线及熔丝，其容量大小必须合乎规定标准，选择开关时必须_____所控制设备的总容量。

1.4 电气防火防爆

一、填空题

1. 火灾是指失去控制并对财产和人身安全造成损害的_____。爆炸是指物质发生剧烈的_____变化，且在瞬间释放大量能量，产生高温高压气体，使周围空气猛烈震荡而造成巨大声响的现象。

2. 电气线路和设备过热的原因：_____、过载、铁损过大、_____、机械磨损、_____等，使电气线路和设备整体或局部温度升高，从而引发电气火灾和爆炸。

二、问答题

带电灭火应注意哪些安全事项？

第 2 章 直流电路

2.1 电路的概念

一、填空题

1. 电路是由_____按一定的方式连接起来的电流通路。而由电阻和直流电源构成的电路称为_____，简称直流电路。电流流通的_____称为电路。

2. 电路实现的功能可概括为两个方面：一是进行能量的_____、_____和转换；二是实现信号的_____与_____。

3. 由_____构成的电路叫做实际电路元件的电路模型，也叫做实际电路的_____，简称为电路图。

4. 电路的状态有_____、_____和_____。

5. 电路中电荷沿着导体做_____形成电流。电流的方向规定为_____移动的方向（或负电荷移动的_____）。电流的大小叫电流强度，它的国际单位为_____，字母代号是_____。

6. 电流按其性质分为_____和_____。如果电流的大小及方向都_____变化，则称为稳恒电流或恒定电流，简称为直流；如果电流的大小和方向均_____变化，则称为交流电流。

7. _____的周围存在着电场，电场对处在电场中的_____有力的作用。当电场力使电荷移动时，即是电场力对电荷做了功。电场力把单位正电荷 Q 从电场中的 a 点移动到 b 点所做的功 A_{ab}，称为 a、b 两点间的_____，用 U_{ab} 表示，它的国际单位为_____，字母代号是_____。U_{ab} 的方向为由字母_____指向字母_____。

8. 电压按其性质分为_____和_____。

9. 在电源的内部，由于其他形式能量的作用，产生一种对电荷的作用力，叫_____。电源力在移动电荷的过程中要做功，电源力将单位正电荷 Q 从电源_____b 移到正极 a 所做的功叫做电源的电动势 E。电动势的方向规定为由电源的负极 b（或_____）指向电源的正极 a（或高电位），它的国际单位制为_____（V）。

10. 物体（导体）对_____的阻碍作用，称为该物体（导体）的电阻，用符号 R 表示。它的国际单位制为_____（Ω）。

11. 对电流具有阻碍作用，消耗电能，并将电能转化为热能、光能等能量的理想化元件，称为_____。电阻元件也简称为_____。

12. 电流在单位时间内所做的功称为_____。功的国际单位制为_____（J）。电功率与电压、电流的关系为 P＝_____。

13. 电流在一段电路上所做的功 A 等于这段电路两端的_____、电路中的_____和_____三者的乘积。用公式表示为 A＝UIt，电功的国际单位制为_____（J）。

14. 电流通过导体时使_____的现象称为电流的热效应，产生的热量叫焦耳热。用公式表示为 Q＝_____，国际单位制为_____。

15. 电气设备和元器件_____正常工作时所允许的_____、最大电流、_____分别称为额定电压、额定电流、额定功率。电气设备或元器件在_____下才能安全可靠、经济、合理地运行。轻载和过载都是不正常的工作状态，一般是不允许出现的。

二、选择题

1. 在导电液中形成电流的原因是（   ）。
   A. 电子的定向运动　　　　　　B. 电解质流动　　　　　　C. 质子的定向运动　　　　　　D. 离子的定向运动

2. 电路中任意两点的电位之差称为（   ）。
   A. 电动势　　　　　　B. 电位　　　　　　C. 电压　　　　　　D. 电势

3. 当温度升高时，一般金属材料的电阻（   ）。
   A. 减小　　　　　　B. 增大　　　　　　C. 不变　　　　　　D. 与温度无关

4. 当温度升高时，一般半导体材料的电阻（   ）。
   A. 减小　　　　　　B. 增大　　　　　　C. 不变　　　　　　D. 与温度无关

5. 电阻器反映导体对电流起阻碍作用的大小，简称（   ）。

A. 电动势　　　　　　　B. 功率　　　　　　　C. 电阻率　　　　　　　D. 电阻

三、判断题

1. 在电路中，电流的方向总是与电压的方向相同。（　　）
2. 参考点选择不同，各点电位也不相同。（　　）
3. 电压也叫电位差，与参考点的选择有关。（　　）
4. 电源电动势的大小不仅与电源本身特性有关，还与外电路有关。（　　）
5. 导体的电阻大，则材料的电阻率一定也大。（　　）
6. 当某个电路电阻趋于零时，电路的电流也将趋于零。（　　）
7. 按照规定，电子流的方向与电流的方向是相同的。（　　）

四、问答题

1. 电路由哪几部分组成？各部分的作用是什么？

2. 电压和电位之间有什么关系？如果电路中某两点的电位很高，能否说明这两点之间的电压也很高？为什么？

3. 在电源中，电动势与电压之间有何关系？

4. 一个标有"220V/6000W"的即热式电热水器，接在 220V 的电源两端，求通电 20min 后消耗多少度电。

2.2 简单电路的分析

一、填空题

1. 运用_____及电阻串、并联能进行化简、计算的电路，叫简单电路。

2. 只含有_____而不包含电源的一段电路称为部分电路。全电路是含有_____的闭合电路。电源内部的电路称为_____，电源外部的电路称_____。

3. 电源电动势在数值上等于电源没有接入负载时两极 A、B 间的_____。

4. 为了便于生产，同时考虑到能够满足实际使用的需要，国家规定了_____作为产品的标准，这一系列值叫电阻的标称系列值。

5. 电阻的标称功率也称为额定功率，是指在一定的条件下，电阻器_____所允许消耗的最大功率。

6. 额定功率、阻值、偏差等电阻器的性能指标一般用数字和文字符号直接标在电阻器的_____，也可以用不同的颜色表示不同的含义，用在电阻器的表面。

7. 把两个或两个以上的电阻，一个接一个地连接成一串，使电流只有_____的连接方式叫做电阻的串联。

8. 把两个或两个以上的电阻接在电路中相同的两点之间，承受_____，这样的连接方式叫做电阻的并联。

9. 电路中电阻既有_____又有_____的连接方式，称为混联。

10. 负载获得最大功率的条件是：负载电阻_____电源内阻。

11. 已知 $U_a=-10\text{V}$，$U_b=10\text{V}$，则 $U_{ab}=$_____V；已知 $U_{ab}=30\text{V}$，$U_b=40\text{V}$，则 $U_a=$_____V。

二、选择题

1. 已知 $R_1>R_2>R_3$，若将它们串联接到电源上，则（　　）消耗的电功率最大。

   A. R_1　　　　　　　　　　B. R_2　　　　　　　　　　C. R_3

2. 将一段阻值为 16Ω 的导线对折并作一条导线使用，该导线电阻是（　　）。

   A. 4Ω　　　　　B. 8Ω　　　　　C. 16Ω　　　　　D. 32Ω

3. 电源电动势是 2V，内电阻是 0.1Ω，当外电路断路时，电流和端电压分别是（　　）。

   A. 0A，2V　　　　B. 20A，2V　　　　C. 20A，0V　　　　D. 0A，0V

4. 电源电动势是 2V，内电阻是 0.1Ω，当外电路短路时，电流和端电压分别是（　　）。

   A. 0A，2V　　　　B. 20A，2V　　　　C. 20A，0V　　　　D. 0A，0V

5. 下列规格的灯泡中，电阻最大灯泡的规格是（　　）。

   A. 220V，100W　　　　B. 110V，100W　　　　C. 220V，40W

6. 在题图 2-1 所示电路中，三只电阻的连接关系为（　　）。

   A. 串联　　　　　　　　　B. 并联

   C. 混联　　　　　　　　　D. 复杂连接

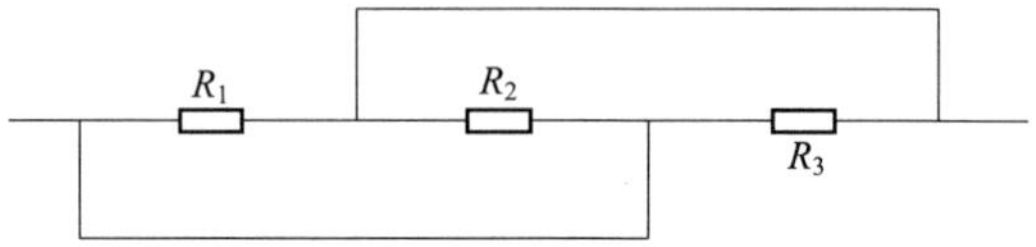

   题图 2-1

7. 在电路中，工作电压相同的设备是（　　）。

   A. 串联　　　　　　　　　B. 并联　　　　　　　　　C. 混联

三、判断题

1. 在串联电路中，阻值越大的电阻，其两端分得的电压也越大。（　　）

2. 在并联电路中，阻值越大的电阻，分配的电流也越大。（　　）

3. 电池串联使用能提供更大的输出电流。（　　）

4. 负载的额定功率越大，消耗的能量一定越多。（　　）

5. 当负载获得最大功率时，电源的效率也最高。（　　）

四、问答题

1. 用万用表的欧姆挡测量电阻时，应注意的主要事项有哪些？

2. 额定电压相同而额定功率不同的两只电阻器通过相同的电流时，哪一只消耗的实际功率大？

五、计算题

1. 每 100m 电车线的电阻是 $2.7\times10^{-2}\,\Omega$，测得电车线上相距 300m 的两点间电压是 5.4V，电车线中的电流是多大？

2. 某电源开路电压为 12V，接上负载取用 5A 电流时，电源端电压下降为 11V，试求：
① 该电源电动势和内阻；
② 若负载可变，则该电源对负载所能提供的最大功率。

3. 在只有 380V 电源的情况下，将两只分别标有 "220V，60W" 和 "220V，25W" 的白炽灯泡串联使用，哪个灯泡亮些？

4. 在题图 2-2 中，已知 $I_1=1A$，求电源电动势 E。

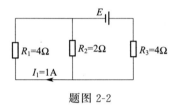

题图 2-2

5. 有人试图把电流表接到电源两端测量电源的电流，这种想法对吗？若电流表内阻是 0.5Ω，量程是 1A，将电流表接到 10V 的电源上，电流表上流过多大的电流？将会发生什么后果？

6. 什么是电阻的标称系列值？在修理收录机时需要一个 $7.8k\Omega$ 的电阻器，是否能买到？为什么？

7. 如题图 2-3 所示，已知 $E=10\text{V}$，$R_1=200\Omega$，$R_2=600\Omega$，$R_3=300\Omega$。开关 S 接到 1 和 2 以及 0 时，电压表的读数各为多少？

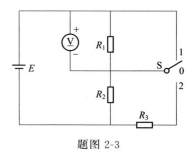

题图 2-3

8. 如题图 2-4 所示电路中开关 S 闭合和断开两种情况下 a、b、c 三点的电位。

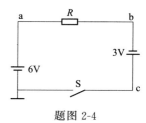

题图 2-4

2.3 复杂电路的分析

一、填空题

1. 无法用电阻串、并联关系进行简化的电路，叫_____。复杂电路不能直接用欧姆定律来求解，可用_____定律来分析。

2. 基尔霍夫第一定律的内容是：在任一瞬间，_____ 某一节点的电流之和恒等于_____ 该节点的电流之和。

3. 基尔霍夫第二定律的内容是：在任一闭合回路中，各段电路电压的_____ 恒等于零。

4. 支路电流法就是以各支路电流为_____，运用节点电流、回路电压定律列出电路的方程组，从而解出各支路电流。

5. 以各节点相对参考点的_____为未知量，再根据节点电流定律列出独立节点的电流方程求解的方法称为节点电压法。因节点对参考点的电压是节点的_____，所以又可称为节点电位法。

6. 一个实际的电源既可用电压源表示，又可用_____表示。用一个恒定电动势 E 与内阻 r _____表示的电源称为电压源。用一个恒定电流 I_S 与内阻 r _____表示的电源称为电流源。

7. 当一个电压源和一个电流源的_____相同时，对外电路来说，这两个电源是_____的。也就是说，在满足一定条件时，两种电源之间能够实现等效变换。

8. 任何具有_____的部分电路都称为二端网络。

9. 戴维南定理的内容是任何一个含源二端线性网络都可以用一个_____来代替，这个等效电源的电动势 E 等于该网络的_____ U_{OC}，内阻 r 等于该网络内所有电源不作用，仅保留内阻时网络两端的_____（等效电阻）R_O。

10. 电路的_____不随外加电压及通过其中的电流而变化，即电压与电流成正比的电路，叫线性电路。在线性电路中，每一个元件的电压或电流等于各个_____单独作用时，在该元件上产生的电压或电流的代数和。

二、选择题

1. 在题图 2-5 所示电路中，其节点数、支路数、回路数及网孔数分别为（   ）。

   A. 2，5，3，3　　　　　　　　B. 3，6，4，6　　　　　　　　C. 2，4，6，3

2. 叠加原理只能计算线性电路中的（   ）。

   A. 电压与电流　　　　　　　　B. 电压、电流和功率　　　　　C. 功率

3. 如题图 2-6 所示的有源二端网络的输入端电阻为（   ）kΩ。

   A. 1/2　　　　　　　　　　　　B. 1/3　　　　　　　　　　　　C. 3

4. 如题图 2-7 所示，正确的是（   ）。

   A. $E=3\text{V}$　$r=3\Omega$　　　　B. $E=0\text{V}$　$r=2/3\Omega$　　　　C. $E=-2\text{V}$　$r=2/3\Omega$

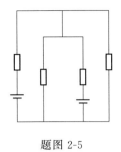

题图 2-5

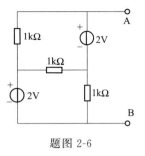

题图 2-6

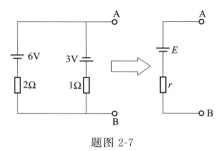

题图 2-7

三、判断题

1. 内阻为零的电源为理想电源。（ ）

2. 理想电压源与理想电流源之间不能进行等效变换。（ ）

3. 每一条支路的元件，只能有一只电阻或一只电阻和一只灯泡。（ ）

4. 电路中任一回路都可以称为网孔。（ ）

5. 同一支路流过所有元件的电流都相同。（ ）

6. 在任一回路中，各段电压降的代数和恒等于零。（ ）

7. 等效电源定理对内外电路都等效。（ ）

8. 电源装置总是输出能量。（ ）

四、计算题

1. 如题图 2-8 所示，已知 $I_1=4\text{A}$，$I_2=2\text{A}$，$I_3=-5\text{A}$，$I_4=3\text{A}$，$I_5=3\text{A}$，则 $I_6=?$

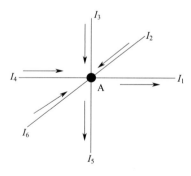

题图 2-8

2. 如题图 2-9 所示，已知 $E_1=12\text{V}$，$R_1=6\Omega$，$E_2=15\text{V}$，$R_2=3\Omega$，$R_3=2\Omega$，试用支路电流法求解各条支路电流。

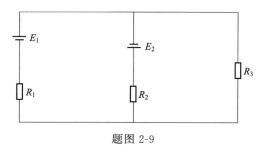

题图 2-9

3. 试用节点电压法求解题图 2-9 各条支路电流。

4. 试用戴维南定理求解题图 2-9 流过 R_3 的电流。

5. 求题图 2-10 有源二端网络的等效电路（电压源形式或电流源形式）。

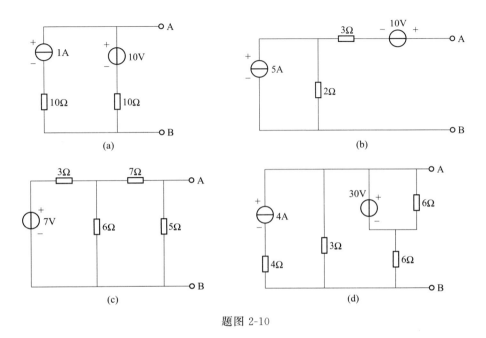

题图 2-10

6. 试用叠加原理计算题图 2-11 电路中电压 U 的数值。

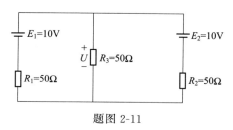

题图 2-11

第 3 章　单相正弦交流电路

3.1　单相正弦交流电

一、填空题

1. 稳恒直流电，其电压的大小和方向都_____而变化。正弦交流电，其电压的大小和方向按_____随时间而变化。

2. 描述正弦交流电的三个基本量称为正弦交流电的三要素，分别是_____、_____、_____。

3. 我国动力和照明用电的标准频率为____Hz，习惯上称为工频，其周期是____s，角频率是____rad/s。

4. 电工仪表测出的交流电数值及通常所说的交流电数值都是指_____。

5. 已知某正弦交流电电压有效值为220V，频率为50Hz，相位为-60°，可得该正弦交流电压的解析式为 $u=$ _____V。

6. 有效值与最大值之间的关系为有效值 $=\dfrac{最大值}{\sqrt{2}}$，有效值与平均值之间的关系为_____。在交流电路中通常用_____进行计算。

7. 已知一正弦交流电流 $i=\sin\left(314t-\dfrac{\pi}{4}\right)$A，则该交流电的最大值为____，有效值为 $\dfrac{\sqrt{2}}{2}$A，频率为____，周期为____，初相位为 $-\dfrac{\pi}{4}$。

二、选择题

1. 照明用交流电 $u=180\sqrt{2}\sin100\pi t$，以下说法正确的是（　　）。

A. 交流电压最大值为 180V B. 1s 内交流电压方向变化 50 次

C. 1s 内交流电压有 100 次达最大值 D. 交流电压有效值为 220V

2. 交流电的周期越长，说明交流电变化得（　　）。

　A. 越快　　　　　　　　B. 越慢　　　　　　　　C. 无法判断

3. 已知一交流电流，$t=0$ 时的值 $i_0=1A$，初相位为 $30°$，则这个交流电的有效值为（　　）A。

　A. 0.5　　　　　　　　　B. 1.414

　C. 1　　　　　　　　　　D. 2

4. 已知一个正弦交流电压波形如题图 3-1 所示，其瞬时值表达式为（　　）V。

　A. $u=10\sin\left(\omega t-\dfrac{\pi}{2}\right)$　　　B. $u=-10\sin\left(\omega t-\dfrac{\pi}{2}\right)$　　　C. $u=10\sin(\omega t+\pi)$

5. 已知 $u_1=20\sin\left(314t+\dfrac{\pi}{6}\right)V$，$u_2=40\sin\left(314t-\dfrac{\pi}{3}\right)V$，则（　　）。

　A. u_1 比 u_2 超前 $30°$　　　　　B. u_1 比 u_2 滞后 $30°$

　C. u_1 比 u_2 超前 $90°$　　　　　D. 不能判断相位差

6. 已知 $i_1=10\sin(314t-90°)A$，$i_2=10\sin(628t-30°)A$，则（　　）。

　A. i_1 比 i_2 超前 $60°$　　　　　B. i_1 比 i_2 滞后 $60°$

　C. i_1 比 i_2 超前 $90°$　　　　　D. 不能判断相位差

7. 题图 3-2 所示相量图中，交流电压 u_1 和 u_2 的相位关系是（　　）。

　A. u_1 比 u_2 超前 $75°$

　B. u_1 比 u_2 滞后 $75°$

　C. u_1 比 u_2 超前 $30°$

　D. 无法确定

8. 同一相量图中的两个正弦交流电，（　　）必须相同。

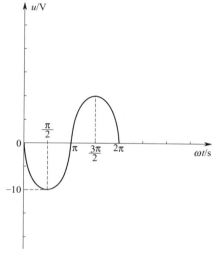

题图 3-1

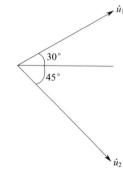

题图 3-2

A．有效值   B．初相   C．频率

三、判断题

1. 用交流电压表测得交流电压是 220V，则此交流电压的最大值是 380V。（　　）

2. 一只额定电压为 220V 的白炽灯，可以接到最大值为 311V 的交流电源上。（　　）

3. 用交流电表测得交流电的数值是平均值。（　　）

四、解答题

1. 简述单相正弦交流电产生的原理。

2. 让 8A 的直流电和最大值为 10A 的交流电分别通过阻值相同的电阻，在相同时间内，哪个电阻发热最大？为什么？

3. 一个电容器只能承受 1000V 的直流电压，能否将它接到有效值为 1000V 的交流电路中使用？为什么？

4. 正弦交流电流 $i_1=4\sin(\omega t)$A，$i_2=3\sin(\omega t+90°)$A，画出它们的波形图和相量图，并求 $i=i_1+i_2$。

5. 题图 3-3 所示为一个按正弦规律变化的交流电流的波形图，试根据波形图指出它的周期、频率、角频率、初相、有效值，并写出它的解析式。

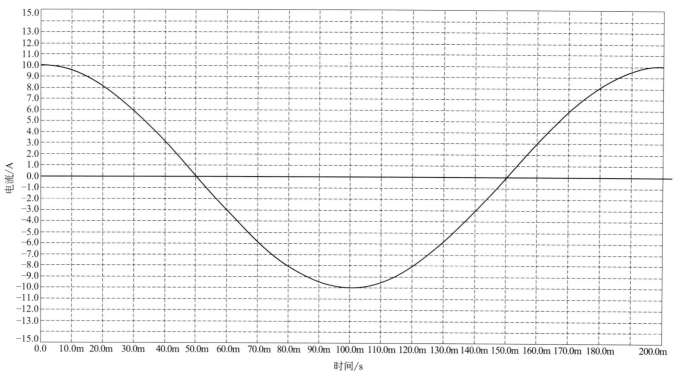

题图 3-3

3.2 电阻、电感、电容元件电路

一、填空题

1. 直流电阻和分布电容可忽略的电感线圈作为交流电路负载的电路，叫 ____。
2. 电感量用符号____表示，单位是____，用字母__表示。实际常取毫亨（mH）和微亨（μH）作为电感量的单位。

二、选择题

1. 已知一个电阻上的电压 $u=10\sqrt{2}\sin(314t)$ V，测得电阻上消耗的功率为 20W，则这个电阻的阻值为（   ）。

   A. 5Ω B. 10Ω C. 40Ω

2. 关于电感线圈对交流电的影响，下列说法中正确的是（   ）。

   A. 同一只电感线圈对频率低的交流电流阻碍较大
   B. 同一只电感线圈对频率高的交流电流阻碍较大
   C. 电感对各种不同频率的交流电的阻碍作用相同
   D. 电感不能通过直流电流，只能通过交流电流

3. 正弦电流通过电阻元件时，下列关系式正确的是（   ）。

   A. $I_m = \dfrac{U}{R}$ B. $I = \dfrac{U}{R}$ C. $i = \dfrac{U}{R}$ D. $I = \dfrac{U_m}{R}$

4. 已知一个电阻上的电压 $u=10\sqrt{2}\sin\left(314t-\dfrac{\pi}{2}\right)$ V，测得电阻上所消耗的功率为 20W，则这个电阻的阻值为（   ）Ω。

   A. 5 B. 10 C. 40

5. 下列说法正确的是（   ）。

   A. 无功功率是表示电感元件建立磁场能量的平均功率
   B. 无功功率是无用的功率
   C. 无功功率是表示电感元件与电源在单位时间内交换了多少能量

D. 无功功率是表示电感元件与外电路进行能量交换的瞬时功率的最大值

6. 在纯电容正弦交流电路中，增大电源频率时，其他条件不变，电路中电流将（　　）。

A. 增大　　　　　　　　B. 减小　　　　　　　　C. 不变

7. 在纯电感电路中，已知电流的初相角为$-60°$，则电压的初相角为（　　）。

A. $30°$　　　　B. $60°$　　　　C. $90°$　　　　D. $120°$

8. 在纯电感正弦交流电路中，当电流 $i=\sqrt{2}I\sin(314t)$ A 时，则电压（　　）。

A. $u=\sqrt{2}I\sin\left(314t+\dfrac{\pi}{2}\right)$　　　　B. $u=\sqrt{2}I\omega L\sin\left(314t-\dfrac{\pi}{2}\right)$

C. $u=\sqrt{2}I\omega L\sin\left(314t+\dfrac{\pi}{2}\right)$

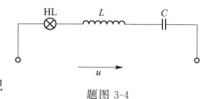

题图 3-4

9. 正弦交流电路如题图 3-4 所示，已知电源电压为 220V，频率为 50Hz 时，电路发生谐振。现将电源的频率增加，电压有效值不变，这时灯泡的亮度（　　）。

A. 比原来亮　　　　　　B. 比原来暗　　　　　　C. 和原来一样亮

三、问答题

1. 在 RLC 串联电路中，由于 R、L、C 参数以及电源频率 f 不同，电路可能出现哪三种情况？

2. 简述提高功率因数的方法。

3. 已知一个电感线圈通过 50Hz 的电流时，其感抗为 10Ω，电压和电流的相位差为 $90°$。当频率升高至 500Hz 时，其感抗是多少？电压与电流的相位差又是多少？

4. 把一个电阻为 20Ω、电感为 48mH 的线圈接到 $u=220\sqrt{2}\sin\left(314t+\dfrac{\pi}{2}\right)$V 的交流电源上。求：①线圈的感抗；②线圈的阻抗；③电流的有效值；④电流的瞬时值表达式；⑤线圈的有功功率、无功功率和视在功率。

3.3 磁场与电场

一、填空题

1. 当两个磁极靠近时，它们之间会发生相互作用：_____ 。
2. 通电直导体在磁场内的受力方向可用_____来判断。
3. 磁场对通电矩形线圈的作用是_____的基本原理。
4. 通电长直导线及通电螺线管周围的磁场方向可用_____来确定。

二、判断题

1. 磁场越强，磁感应强度越大；磁场越弱，磁感应强度越小。（   ）
2. 通过该面积的磁感线越多，则磁通越大，磁感越强。（   ）
3. 磁感线的方向定义为：在磁体外部由 S 极指向 N 极，在磁体内部由 N 极指向 S 极。（   ）
4. 地球是一个大磁体。（   ）
5. 磁场总是由电流产生的。（   ）

6. 由于磁感线能形象地描述磁场的强弱和方向，所以它存在于磁极周围的空间里。（　　）

三、选择题

1. 在条形磁铁中，磁性最强的部位在（　　）。

   A. 中间　　　　　　　　　　B. 两极　　　　　　　　　　C. 整体

2. 磁感线上任意点的（　　）方向，就是该点的磁场方向。

   A. 指向 N 极的　　　　　　　B. 切线　　　　　　　　　　C. 直线

3. 关于电流的磁场，正确说法是（　　）。

   A. 直线电流的磁场只分布在垂直于导线的某一平面上

   B. 直线电流的磁场是一些同心圆，距离导线越远，磁感线越密

   C. 直线电流、环形电流的磁场方向都可用安培定则判断

4. 由磁感应强度的定义式 $B = \dfrac{F}{IL}$ 可知，（　　）。

   A. 磁感应强度与 F 成正比，与电流强度和导线长度的乘积成反比

   B. 通电导线所受磁场力的方向就是磁场的方向

   C. 磁场强度的方向与 F 的方向一致

   D. 公式 $B = \dfrac{F}{IL}$ 只适用于均匀磁场

5. 在均匀磁场中，原来载流导体所受磁场力为 F，若电流强度增加到原来的 2 倍，而导线的长度减小一半，则载流导线所受的磁场力为（　　）。

   A. $2F$　　　　　　　B. F　　　　　　　C. $F/2$　　　　　　　D. $4F$

四、问答题

1. 以下说法对吗？为什么？

   ① 导体中有感应电流就一定有感应电动势。

② 只要线圈中有磁通穿过就会产生感应电动势。

③ 感应电流总是与原电流方向相反。

2. 磁感应强度和磁通有哪些异同？

3. 磁感应强度和磁场强度有哪些异同？

3.4 电磁感应

一、填空题

1. 法拉第电磁感应定律内容：_____。
2. 楞次定律指出了_____与_____在方向上的关系。

二、判断题

1. 如果把线圈看成是一个电源，则感应电流流出端为电源的正极。（   ）
2. 当导体、导体运动方向和磁感线方向三者互相垂直时，导体中的感应电动势为 $e=Blv\sin\alpha$。（   ）
3. 穿过线圈的磁通量变化的速率越大，其感应电动势就越大。（   ）

三、选择题

1. 如题图 3-5 所示，在均匀磁场中，两根平行的金属导轨上放置两条平行的金属导线 ab、cd，假定它们沿导轨运动的速度分别为 v_1 和 v_2，且 $v_2 > v_1$，现要使回路中产生最大的感应电流，且方向为 a→b，那么 ab、cd 的运动情况应为（   ）。

A. 背向运动 B. 相向运动 C. 都向右运动 D. 都向左运动

2. 如题图 3-6 所示，当导体 ab 在外力作用下，沿金属导轨在均匀磁场中以速度 v 向右移动时，放置在导轨右侧的导体 cd 将（　　）。

A. 不动 B. 向右移动 C. 向左移动

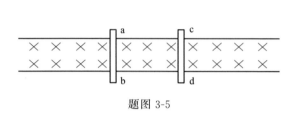

题图 3-5

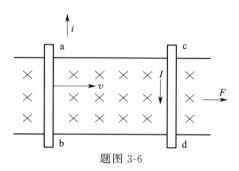

题图 3-6

3. 运动导体在切割磁感应线而产生最大感应电动势时，导体与磁感应线的夹角为（　　）。

A. 0° B. 45° C. 90°

4. 下列属于电磁感应现象的是（　　）。

A. 通电直导体产生磁场 B. 通电直导体在磁场中运动
C. 变压器铁芯被磁化 D. 线圈在磁场中转动发电

四、问答题

1. 什么是电磁感应现象？

2. 简述直导线切割磁感线产生感应电动势方向判断的方法。

3.5 自感与互感

一、填空题

1. 自感电动势的方向可结合_____和_____来确定。

2. 当线圈中通入电流后，这一电流使每匝线圈所产生的磁通称为_____。

3. 在有铁芯的线圈中通入交流电时，就有交变的磁场穿过铁芯，这时在铁芯内部产生自感电动势并形成电流，这种电流形如旋涡，故称____。

4. 互感现象遵从_____。

二、选择题

1. 当线圈中通入（　　）时，就会引起自感现象。

　A. 不变的电流　　　　　　B. 变化的电流　　　　　　C. 电流

2. 线圈中产生的自感电动势总是（　　）。

　A. 与线圈内的原电流方向相同

　B. 与线圈内的原电流方向相反

　C. 阻碍线圈内原电流的变化

　D. 上面三种说法都不正确

三、问答题

简述自感现象。

第4章 三相交流电路

4.1 三相正弦交流电路

一、填空题

1. 电能的_____、_____、_____和_____等许多环节构成一个完整的系统，叫做电力系统。
2. 转子是具有一对磁极的电磁铁，其磁极表面的磁场按_____分布。
3. 三相电源有_____接法和_____接法两种。
4. 将三相发电机三相绕组的末端 U2、V2、W2（相尾）_____，始端 U1、V1、W1（相头）分别与_____，这种连接方法叫做星形（Y形）连接。

二、选择题

1. 已知对称三相电源的相电压 $u_A = 10\sin(\omega t + 60°)$ V，相序为 A—B—C，则当电源星形连接时线电压 u_{AB} 为（ ）V。

   A. $17.32\sin(\omega t - 30°)$　　B. $10\sin(\omega t + 90°)$　　C. $17.32\sin(\omega t + 90°)$　　D. $17.32\sin(\omega t + 150°)$

2. 三相四线制电源能输出（ ）种电压。

   A. 2　　B. 1　　C. 3　　D. 4

3. 三相电源相电压之间的相位差是 120°，线电压之间的相位差是（ ）。

   A. 180°　　B. 90°　　C. 120°　　D. 60°

4. 在负载为星形连接的对称三相电路中，各线电流与相应的相电流的关系是（   ）。

A. 大小、相位都相等

B. 大小相等、线电流超前相应的相电流

C. 线电流大小为相电流大小的$\sqrt{3}$倍、线电流超前相应的相电流

D. 线电流大小为相电流大小的$\sqrt{3}$倍、线电流滞后相应的相电流

5. 对称三相电动势是指（   ）的三相电动势。

A. 电压相等、频率不同、初相角均为120°

B. 电压不等、频率不同、相位互差180°

C. 最大值相等、频率相同、相位互差120°

D. 三个交流电都一样

6. 对称三相电势在任一瞬间的（   ）等于零。

A. 频率　　　　　　B. 波形　　　　　　C. 角度　　　　　　D. 代数和

7. 三相电动势的相序为 U—V—W，称为（   ）。

A. 负序　　　　　　B. 正序　　　　　　C. 零序　　　　　　D. 反序

8. 在变电所三相母线应分别涂以（   ）色，以示正相序。

A. 红、黄、绿　　　　　　B. 黄、绿、红　　　　　　C. 绿、黄、红

三、判断题

1. 对称三相电源，假设 U 相电压 $U_U = 220\sqrt{2}\sin(\omega t + 30°)$V，则 V 相电压为 $U_V = 220\sqrt{2}\sin(\omega t - 120°)$V。（   ）

2. 从三相电源的三个绕组的相头 U、V、W 引出的三根线叫端线，俗称火线。（   ）

3. 三相电源无论对称与否，三个线电压的相量和恒为零。（   ）

4. 目前电力网的低压供电系统又称为民用电，该电源即为中性点接地的星形连接，并引出中性线（零线）。（   ）

5. 在三相四线制中，可向负载提供两种电压即线电压和相电压，在低压配电系统中，标准电压规定为相电压 380V，线电压 220V。（   ）

6. 对称三相电路星形连接，中性线电流不为零。（   ）

7. 在三相四线制电路中，火线及中性线上电流的参考方向均规定为自电源指向负载。（   ）

8. 在三相四线制供电系统中，为确保安全，中性线及火线上必须装熔断器。（   ）

4.2 电 能 表

一、填空题

1. 一般我们把电能表和与其配合使用的测量互感器、二次回路及计量箱所组成的整体称为_____。

2. 有功电能表的计量单位是千瓦时，单位符号是_____，无功电能表的计量单位是千乏时，单位符号是_____。

3. 在电能表的铭牌上都要求标注_____电流，而额定最大电流用_____的数值标注在_____之后，例如：5（20）A。

4. _____是电能计量装置的核心部分，其作用是计量负载所消耗的电能。

5. 低压供电线路负荷电流在_____A 及以下时，宜采用直接接入式电能表。

6. 运行中的电流互感器二次侧（次级）严禁_____，运行中的电压互感器次级严禁_____。

二、判断题

1. 用三表法测量三相四线制电路电能时，电能表反映的功率之和等于三相负载消耗的有功功率。（   ）

2. 某电能表铭牌上标明常数为 $c=2000\text{r}/(\text{kW}\cdot\text{h})$，则该表转一圈为 $0.5\text{W}\cdot\text{h}$。（   ）

3. 在给单相电能表接线时，必须将相线接入电流线圈。（   ）

4. 安装在绝缘板上的三相电能表，即使有接地端钮，也不应将其接地或接零。（   ）

5. 电流互感器一次绕组匝数多，二次绕组匝数少。（   ）

三、选择题

1. 为保证抄表工作的顺利运行，下列选项中不属于抄表前要做到的是（   ）。

A. 掌握抄表日的排列顺序　　B. 合理设计抄表线路　　C. 检查应配备的抄表工具　　D. 检查线路是否断路

2. 电能的法定单位是（   ）。

A. J 和 kW·h   B. kW·h 和度   C. 度和 J   D. kW 和 J

3. 关于电压互感器，下列说法正确的是（   ）。

A. 二次绕组可以开路   B. 二次绕组可以短路   C. 二次绕组不能接地   D. 以上均可以

4. 用三只单相电能表测三相四线制电路有功电能时，其电能应等于三只表的（   ）。

A. 几何和   B. 代数和   C. 分数值   D. 平均值

四、问答题

1. 有一电能表，电能表常数为 2000r/(kW·h)，月初读数为 542kW·h，月底为 674kW·h，如果 1kW·h 电费为 0.55 元，这个月的电费和电能表铝盘的转数各为多少？

2. 互感器在电能计量装置中有什么作用？

3. 电能计量装置安装场所的环境应符合哪些要求？

4.3　三相异步电动机控制线路

一、填空题

1. 热继电器是专门用来对连续运行的电动机实现＿＿＿＿及＿＿＿＿保护，以防电动机因过热而烧毁的一种保护电器，通常是把其_____触点串接在控制电路中。

2. 在电气控制技术中，通常采用_____进行短路保护。

3. 电动机长动与点动控制区别的关键环节是_____触头是否接入。

4. 对于正常运行在_____连接的电动机，可采用星/三角形降压启动，即启动时，定子绕组先接成_____，当转速上升到接近额定转速时，将定子绕组连接方式改接成_____，使电动机进入_____运行状态。

二、判断题

1. 热继电器在电路中既可作短路保护，又可作过载保护。（   ）

2. 在正反转电路中，用复合按钮能够保证实现可靠联锁。（   ）

3. 电气原理图中所有电器的触点都按没有通电或没有外力作用时的开闭状态画出。（   ）

4. 电动机正反转控制电路为了保证启动和运行的安全性，要采取电气上的互锁控制。（   ）

三、选择题

1. 熔断器的作用是（   ）。

A. 控制行程　　　　　　　B. 控制速度　　　　　　　C. 短路或严重过载　　　　D. 弱磁保护

2. 接触器的型号为 CJ10-160，其额定电流是（   ）。

A. 10A
B. 160A
C. 10～160A
D. 大于 160A

四、问答题

1. 题图 4-1 能否实现正常的电动机正反转控制？为什么？

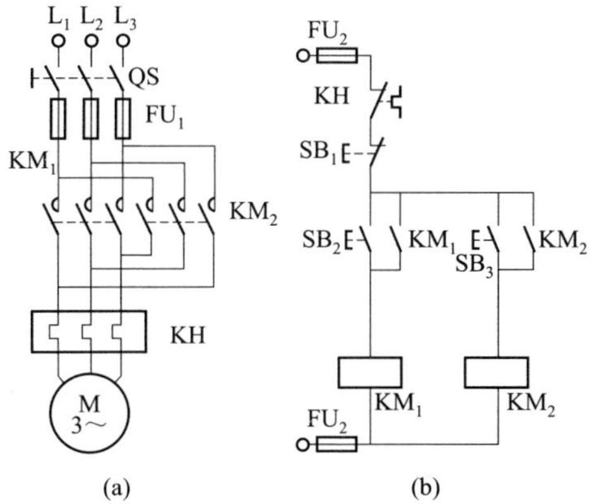

题图 4-1

2. 把该图改为能实现电动机"正—反—停"控制的线路。

3. 有的正反转控制电路已采用了机械联锁,为何还要采用电气互锁?

4. 在改正后的"正—反—停"控制线路中,当电动机正常正向/反向运行时,很轻地按一下反向启动按钮 SB_3/正向启动按钮 SB_2,即未将按钮按到底,电动机运行状况如何?为什么?

5. 能否频繁持续操作 SB_2 和 SB_3?为什么?

第 5 章　半导体器件识别与检测

5.1　半导体基本知识

一、判断题

1. 本征半导体受外界能量（热能、电能和光能等）激发，同时产生电子-空穴对的过程，称为本征激发。（　　）
2. 半导体的导电能力随外界温度、光照或掺入杂质不同而显著变化。（　　）
3. 在 N 型半导体中，参与导电的主要是带负电的电子。（　　）

二、填空题

1. 自然界中很容易导电的物质称为_____，金属一般是导体，如银、铜、铁等金属。
2. 有的物质几乎不导电，称为_____，如橡胶、陶瓷、塑料和石英。
3. 另有一类物质的导电特性处于导体和绝缘体之间，称为_____，如锗、硅、砷化镓和一些硫化物、氧化物等。
4. N 型半导体中多数载流子是_____，P 型半导体中多数载流子是_____。
5. 半导体导电性能有如下两个显著特点：
   ① _____：往纯净的半导体中掺入某些杂质，会使它的导电能力和内部结构发生变化。
   ② _____：当受外界热和光的作用时，导电能力明显变化。
6. PN 结的正向接法为：P 区接电源_____极，N 区接电源_____极。

三、选择题

1. PN 结最大的特点是具有（   ）。

   A．单向导电性　　　　　　B．不导电性　　　　　　C．双向导电性

2. 当温度升高时，半导体电阻将（   ）。

   A．不变　　　　　　　　　B．减少　　　　　　　　C．增大

3. 下列说法中正确的是（   ）。

   A．半导体的导电性能与金属的导电性能相同

   B．超导现象是指当某些金属的温度降低到某一数值时，电阻突然降为零的现象

   C．在光的照射下，半导体光敏电阻的阻值将大大增加

5.2　晶体二极管

一、判断题

1. 晶体二极管可以往两个方向传送电流。（   ）

2. 普通二极管管体上有白色标示的一边为负极。（   ）

3. 发光二极管发光时，其工作在正向导通区。（   ）

4. 二极管的反向击穿电压大小与温度有关。温度升高，反向击穿电压增大。（   ）

二、填空题

1. 二极管按材料分类，可分为_____管和_____管。

2. 二极管是由一个 PN 结构成的，它的主要特性是_____。

3. 发光二极管极性：长脚为_____，短脚为_____。

三、选择题

1. 晶体二极管的正极电位是 $-8V$，负极电位是 $-5V$，则该晶体二极管处于（   ）。

38

A. 零偏 B. 反偏 C. 正偏

2. 二极管在电路板上用（　　）表示。

A. C B. VD C. L

3. 当温度升高时，二极管的反向饱和电流将（　　）。

A. 增大 B. 不变 C. 减小

4. 稳压二极管稳压时，其工作在（　　）。

A. 正向导通区 B. 反向截止区 C. 反向击穿区

5. 二极管伏安特性曲线如题图 5-1，其中正确的是（　　）。

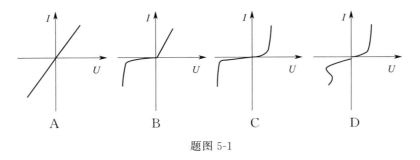

题图 5-1

四、分析题

1. 二极管电路如题图 5-2(a) 所示，其输入电压 U_{i1} 和 U_{i2} 的波形如题图 5-2(b) 所示，二极管导通电压 $U_D=0.7V$，画出输出电压 U_o 的波形，并标出幅值。

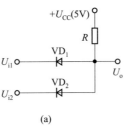

(a)

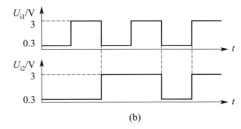

(b)

题图 5-2

2. 写出题图 5-3 所示各电路的输出电压值，设二极管导通电压 $U=0.7\text{V}$。

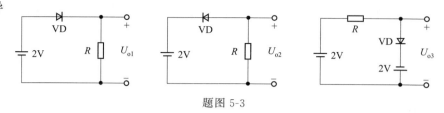

题图 5-3

5.3 三极管

一、判断题

1. 三极管有三个电极，有三只脚的元器件都叫三极管。（　　）
2. 三极管自身并不能把小电流变成大电流，它仅仅起到一种控制作用。（　　）
3. 晶体三极管的发射极和集电极不可以调换使用。（　　）
4. 若三极管的集电极或发射极引脚折断，其余两极能作为普通二极管使用，但在使用中要注意参数。（　　）

二、填空题

1. 晶体三极管有_____、_____和_____三种工作状态。
2. 放大电路工作点不稳定的主要因素是_____。
3. 根据输入输出回路公共端的不同，有_____、_____和_____三种基本接法。

三、选择题

1. 晶体三极管是（　　）控制元件。
   A. 电压　　　　　　　　　B. 电流　　　　　　　　　C. 电阻
2. 用万用表判别放大电路中处于正常工作状态的某个三极管的类型（NPN 或 PNP）与三个电极时用（　　）方案好。

A. 各极间电阻　　　　　　B. 各极电流　　　　　　C. 各极对地电位

3. （　　）电路又称为电压跟随器，即输出电压与输入电压近似相等。

A. 共发射极　　　　　　　B. 共集电极　　　　　　C. 共基极

四、问答题

1. 三极管中有两个 PN 结，二极管中有一个 PN 结，用两个二极管反向串联起来能作为三极管使用吗？

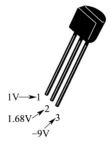

题图 5-4

2. 三极管对应的三个电极分别是什么？哪个电极电流最大？哪个最小？

3. 如题图 5-4 所示，已知某晶体管处于放大状态，判断各管脚对应的电极、管类型及管材料。

5.4　场效应管

一、判断题

1. 场效应管很高的输入阻抗非常适合作阻抗变换，常用于多级放大器的输入级作阻抗变换。（　　）

2. 场效应管可分为结型场效应管和绝缘栅型场效应管。（　　）

3. 场效应晶体管是用栅源电压控制漏极电流的。（　　）

二、填空题

1. 场效应管有三个电极：_____、_____ 和 _____。
2. 结型场效应管发生预夹断后，管子进入_____区。
3. 场效应管是 _____ 控制元件。

第 6 章 放大电路

6.1 放大电路概述

一、判断题

1. 所谓放大,实际是将信号的幅值由小变大,就是一种能量的增加。( )
2. 输出信号与输入信号的变化量之比叫放大倍数。( )
3. 放大电路的输入电阻越小越好。( )
4. 放大电路的输出电阻越小越好。( )
5. 通频带越宽,说明放大电路的上限截止频率越高。( )

6.2 共发射极放大电路

一、判断题

1. 共发射极电路输入回路的接法应该使输入电压的变化量能传送到晶体管的发射极回路。( )
2. 单管共发射极电路没有外加信号时,不必让三极管处于放大状态。( )
3. 放大电路中输出的电流和电压都是有源元件提供的。( )

4. 电路中各电量的交流成分是交流信号源提供的。（   ）

5. 放大电路必须加上合适的直流电源才能正常工作。（   ）

二、填空题

1. 把放大电路中的各电压、电流的符号做统一的规定如下。

大写字母加大写下标：表示_____信号，如基极直流电流。

大写字母加小写下标：表示_____信号的有效值。

小写字母加小写下标：表示_____信号的瞬时值。

小写字母加大写下标：表示_____。

2. 静态是指_____输入时，在直流电源的作用下，直流电流所流过的路径。

3. 动态是指_____时，放大电路的工作状态为动态。

4. _____电压与_____电压比值为电压放大倍数。

5. 输入电阻_____，则放大电路从信号源索取的电流越小。

三、选择题

1. 在固定偏置共发射极放大电路中，若偏置电阻 R_B 的阻值增大了，则静态工作点 Q 将（   ）。

A. 下移   B. 上移   C. 不动   D. 上下来回移动

2. 在固定偏置共发射极放大电路中，若偏置电阻 R_B 的值减小了，则静态工作点 Q 将（   ）。

A. 上移   B. 下移   C. 不动   D. 上下来回移动

3. 在固定偏置共发射极放大电路中，如果负载电阻增大，则电压放大倍数（   ）。

A. 减小   B. 增大   C. 无法确定   D. 不变

4. 由 NPN 管构成的基本共射放大电路，输入正弦信号，若从示波器显示的输出信号波形发现底部（负半周）削波失真，则该放大电路产生了（   ）失真。

A. 饱和   B. 放大   C. 截止

5. 由 NPN 管构成的基本共射放大电路，输入是正弦信号，若从示波器显示的输出信号波形发现底部削波失真，这是由于（   ）。

A. 静态工作点电流 I_C 过小   B. 静态工作点电流 I_C 过大   C. 不能确定   D. 电源电压过低

四、分析题

1. 试分析题图 6-1 各电路是否能放大正弦交流信号，简述理由。设图中所有电容对交流信号均可视为短路。

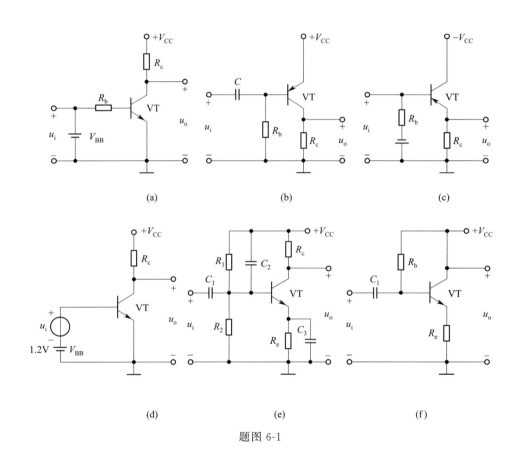

题图 6-1

2. 题图 6-2 共射放大电路中晶体管 $\beta=100$，$r_{be}=1.4\text{k}\Omega$。

① 现已测得静态管压降 $U_{CEQ}=6\text{V}$，估算 R_b；

② 若测得 $\dot{U}_i$ 和 $\dot{U}_o$ 的有效值分别为 1mV 和 100mV，则负载电阻 R_L 为多少？

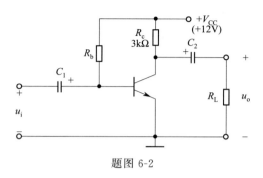

题图 6-2

6.3 静态工作点稳定的放大电路

一、判断题

1. 合适的静态工作点在放大电路中是很重要的，关系到波形的失真，但对放大倍数没有影响。（　　）

2. 分压偏置式工作点稳定电路三极管的发射极电阻的旁边并联了一个大电解电容，起到滤波作用。（　　）

3. 分压偏置式电路发射极电阻 R_E 反映出 I_B 的变化。（　　）

4. 共基极电路主要用于宽频带放大器、高频放大器、振荡电路及恒流源电路。（　　）

5. 共集电极电路输出电阻小，输入电阻大，电压放大倍数高。（　　）

二、填空题

1. 在单级共射放大电路中，如果输入为正弦波形，用示波器观察 U_o 和 U_i 的波形，则 U_o 和 U_i 的相位差为_____；当为共集电极电路时，则 U_o 和 U_i 的相位差为_____。

2. 放大器有两种不同性质的失真，分别是_____失真和_____失真。

3. 在 NPN 三极管组成的分压偏置共射放大电路中，旁路电容 C_e 的作用是_____。

4. 在 NPN 三极管组成的分压偏置共射放大电路中，如果电路的其他参数不变，三极管的 β 增加，I_{BQ}_____，I_{CQ}_____，U_{CEQ}_____。

5. 在三极管组成的三种不同组态的放大电路中，_____组态有电压放大作用，____组态有电流放大作用，_____组态有倒相作用；_____组态带负载能力强，_____组态向信号源索取的电流小，_____组态的频率响应好。

三、选择题

1. 在三种基本放大电路中，电压增益最小的放大电路是（   ）

   A. 共射放大电路　　　　　B. 共基放大电路　　　　　C. 共集放大电路　　　　　D. 不能确定

2. 带射极电阻 R_e 的共射放大电路，在并联交流旁路电容 C_e 后，其电压放大倍数将（   ）。

   A. 减小　　　　　　　　　B. 增大　　　　　　　　　C. 不变

3. 有两个放大倍数相同，输入电阻和输出电阻不同的放大电路 A 和 B，对同一个具有内阻的信号源电压进行放大。在负载开路的条件下，测得 A 放大器的输出电压小，这说明 A 的（   ）。

   A. 输入电阻小　　　　　　B. 输入电阻大　　　　　　C. 输出电阻小　　　　　　D. 输出电阻大

4. 带射极电阻 R_e 的共射放大电路，由于电阻 R_e 的接入，放大电路的输入电阻将（   ）。

   A. 减小　　　　　　　　　B. 增大　　　　　　　　　C. 不变　　　　　　　　　D. 变为零

5. 在电路中我们可以利用（   ）实现高内阻信号源与低阻负载之间较好的配合。

   A. 共射电路　　　　　　　B. 共基电路　　　　　　　C. 共集电路　　　　　　　D. 共射-共基电路

四、计算题

电路如题图 6-3 所示，晶体管 $\beta=100$，$r_{bb'}=100\Omega$。

① 求电路的 Q 点、$\dot{A}_u$、R_i 和 R_o；

② 若改用 $\beta=200$ 的晶体管，则 Q 点如何变化？

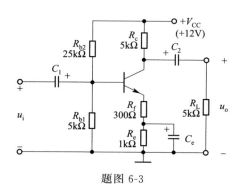

题图 6-3

③ 若电容 C_e 开路，则将引起电路的哪些动态参数发生变化？如何变化？

6.4 多级放大器

一、判断题

1. 多级放大电路只需要第一级与最后一级具有合适的静态工作点。（　　）
2. 阻容耦合电路因电容具有"隔直"作用，这样交流信号能很顺利地通过传递级后级。（　　）
3. 变压器耦合电路最大的缺点是存在零点漂移。（　　）
4. 多级放大器的电压放大倍数等于各级放大器电压放大倍数的乘积。（　　）
5. 多级放大器的输入电阻等于从各级输入电阻的并联。（　　）

二、填空题

1. 三种不同耦合方式的放大电路分别为_____、_____和_____，其中_____能够放大缓慢变化的信号。
2. 在多级放大电路中，后级的输入电阻是前级的_____，而前级的输出电阻可视为后级的_____。

3. 已知某两级放大电路中第一、第二级的对数增益分别为60dB和20dB，则该放大电路总的电压放大倍数为_____。

4. 变压器耦合电路中，变压器也具有_____的作用，因此也可以连接级与级之间的信号。

5. 直接耦合电路的缺点是存在着各级_____和_____这两个问题。

三、选择题

1. 在三种常见的耦合方式中，静态工作点独立，体积较小是（　　）的优点。

   A. 阻容耦合　　　　　　　　B. 变压器耦合　　　　　　　　C. 直接耦合

2. 直接耦合放大电路的放大倍数越大，在输出端出现的漂移电压就越（　　）。

   A. 大　　　　　　　　　　　B. 小　　　　　　　　　　　　C. 和放大倍数无关

3. 在集成电路中，采用差动放大电路的主要目的是为了（　　）。

   A. 提高输入电阻　　　　B. 减小输出电阻　　　　C. 消除温度漂移　　　　D. 提高放大倍数

4. 两个相同的单级共射放大电路，空载时电压放大倍数均为30，现将它们级联后组成一个两级放大电路，则总的电压放大倍数（　　）。

   A. 等于60　　　　　　　B. 等于900　　　　　　C. 小于900　　　　　　D. 大于900

5. 多级放大电路与组成它的各个单级放大电路相比，其通频带（　　）。

   A. 变宽　　　　　　　　B. 变窄　　　　　　　　C. 不变　　　　　　　　D. 与各单级放大电路无关

四、计算题

如题图6-4，设 $E_C = 12\text{V}$，晶体管 $\beta = 50$，$R_{b11} = 100\text{k}\Omega$，$R_{b21} = 39\text{k}\Omega$，$R_{c1} = 6\text{k}\Omega$，$R_{e1} = 3.9\text{k}\Omega$，$R_{b12} = 39\text{k}\Omega$，$R_{b22} = 24\text{k}\Omega$，$R_{c2} = 3\text{k}\Omega$，$R_{e2} = 2.2\text{k}\Omega$，$R_L = 3\text{k}\Omega$，请计算 $\dot{A}_u$、r_i 和 r_o。（提示：先求静态工作点 I_{EQ}，再求 r_{be}）

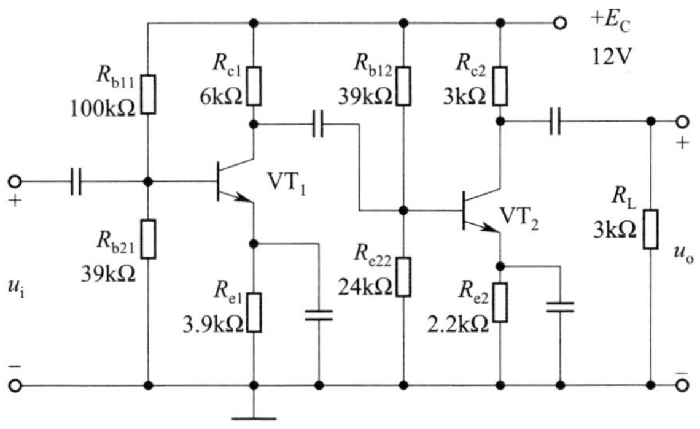

题图6-4

6.5 反馈放大电路

一、判断题

1. 放大电路中要稳定静态工作点必须有负反馈电路。（　　）
2. 共射分压偏置电路采用了电压并联负反馈。（　　）
3. 要稳定电路的输出电压，需要采用电压负反馈。（　　）
4. 正反馈电路主要应用于多级放大电路。（　　）
5. 正反馈电路能改善电路的非线性失真。（　　）

二、填空题

1. 若反馈信号是取自输出电压信号，则称为_____反馈；若反馈信号是取自输出电流信号，则称为_____反馈。
2. 若反馈的结果使输出量的变化（或净入量）减小，则称之为_____反馈；反之，则称为_____反馈。
3. 当 $|1+\dot{A}_\mathrm{f}|>1$ 时，$|\dot{A}_\mathrm{f}|<|\dot{A}|$，说明引入了_____反馈，相当于负反馈闭环放大倍数减小了。
4. 放大电路加入负反馈网络后，输出电阻的大小取决于_____，而与输入的连接无关。
5. _____反馈可以改善放大电路的非线性失真，但是只能改善反馈环内产生的非线性失真。

三、选择题

1. 为了使放大电路的输入电阻增大，输出电阻减小，应当采用（　　）。

   A. 电压串联负反馈　　　　B. 电压并联负反馈
   C. 电流串联负反馈　　　　D. 电流并联负反馈

2. 为了稳定放大电路的输出电流，并增大输入电阻，应当引入（　　）。

   A. 电流串联负反馈　　　　B. 电流并联负反馈
   C. 电压串联负反馈　　　　D. 电压并联负反馈

3. 如题图 6-5 所示为两级电路，接入 R_F 后引入了级间（　　）。

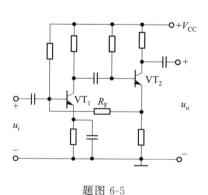

题图 6-5

A. 电流并联负反馈　　　　B. 电流串联负反馈　　　　C. 电压并联负反馈　　　　D. 电压串联负反馈

4. 某仪表放大电路，要求 R_i 大，输出电流稳定，应选（　　）。

A. 电流串联负反馈　　　　B. 电压并联负反馈　　　　C. 电流并联负反馈　　　　D. 电压串联负反馈

5. 某传感器产生的电压信号（几乎不能提供电流），经过放大后希望输出电压与信号成正比，此放大电路应选（　　）。

A. 电流串联负反馈　　　　B. 电压并联负反馈　　　　C. 电流并联负反馈　　　　D. 电压串联负反馈

四、分析题

题图 6-6 所示电路中是否引入了反馈，是直流反馈还是交流反馈，是正反馈还是负反馈。设图中所有电容对交流信号均可视为短路。

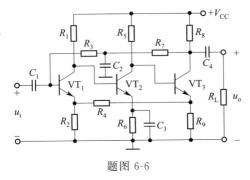

题图 6-6

6.6　功率放大器

一、判断题

1. 功率放大器能同时放大电流与电压信号。（　　）

2. 工作点 Q 在交流负载线上的位置：$90°<\varphi<180°$，为甲类功放。（　　）

3. 输出无电容的功率放大器叫 OCL。（　　）

4. 自举电路能改善电路的非线性失真。（　　）

5. 变压器推挽功率放大的特点是电路的高频特性好。（　　）

二、填空题

1. 在甲类、乙类和甲乙类功率放大电路中，效率最低的电路为_____。
2. 一个输出功率为 10W 的扩音机电路，若用乙类推挽功放，则应选额定功耗至少应为_____的功率管 2 只。
3. 乙类功放的主要优点是_____，但出现交越失真，克服交越失真的方法是_____。
4. 乙类电路的输出功率最大时，能量转换效率 η 最高，理想值可达_____。
5. OTL 电路的中点电压是_____。

三、选择题

1. 与甲类功率放大方式比较，乙类 OTL 互补对称功放的主要优点是（　　）。

    A. 不用输出变压器　　B. 不用输出端大电容　　C. 效率高　　D. 无交越失真

2. 与乙类功率放大方式比较，甲乙类 OTL 互补对称功放的主要优点是（　　）。

    A. 不用输出变压器　　B. 不用输出端大电容　　C. 效率高　　D. 无交越失真

3. 已知电路如题图 6-7 所示，VT_1 和 VT_2 管的饱和管压降 $|U_{CES}|=3V$，$V_{CC}=15V$，$R_L=8\Omega$，选择正确答案填入空内。

    ① 电路中 VD_1 和 VD_2 的作用是消除（　　）。

    A. 饱和失真　　B. 截止失真　　C. 交越失真

    ② 静态时，V_3 晶体管发射极电位 U_{EQ}（　　）。

    A. >0　　B. =0　　C. <0

    ③ 最大输出功率 P_{OM}（　　）。

    A. ≈28W　　B. =9W　　C. ≈3.5W

    ④ 当输入为正弦波时，若 R_{c1} 虚焊，即开路，则输出电压（　　）。

    A. 无波形　　B. 仅有正半波　　C. 仅有负半波

    ⑤ 若 VD_1、VD_2 短路，则（　　）。

    A. 输出信号负半周失真　　B. 输出信号正半周失真　　C. 存在交越失真

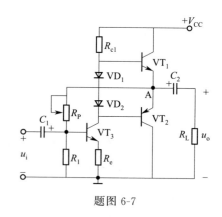

题图 6-7

四、计算题

功率放大电路如题图 6-8 所示。设三极管的饱和压降 U_{CES} 为 1V，$R_L=8\Omega$，为了使负载电阻获得 12W 的功率，请问：

① 电源至少应为多少伏？

② 三极管的 I_{CM}、$U_{(BR)CEO}$ 至少应为多少？

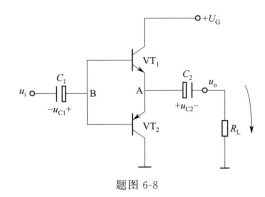

题图 6-8

第 7 章 正弦波振荡器

7.1 RC 正弦波振荡器

一、选择题

1. 要使正弦波振荡器正常工作，它应满足电路的幅值平衡条件是（　　）。

   A. 相位平衡条件　　　　B. 振幅平衡条件　　　　C. 相位平衡条件和振幅平衡条件都需要同时满足

2. 正弦波振荡器的基本组成是（　　）。

   A. 基本放大器和反馈网络　　B. 基本放大器和选频网络　　C. 基本放大器、正反馈网络和选频网络

二、问答题

1. 产生正弦波振荡的条件是什么？

2. 简述振荡电路与放大电路的区别。

7.2　LC正弦波振荡器

一、选择题

1. 题图 7-1 中每个电路分别是哪种类型的 LC 正弦波振荡电路，填入图下括号中。

A. 电感反馈式振荡电路　　　B. 电容反馈式振荡电路　　　C. 变压器反馈式振荡电路

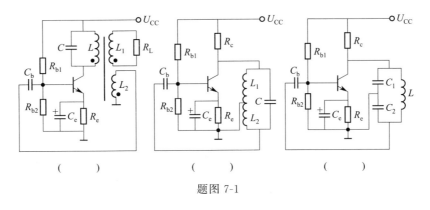

题图 7-1

2. 电感三点式 LC 正弦波振荡器正反馈电压取于电感，所以输出波形（　　）。

A. 较好　　　　　　　　B. 较差　　　　　　　　C. 好

3. 改进的电容三点式 LC 振荡器的主要优点是（　　）。

A. 容易起振　　　　　　B. 振幅稳定　　　　　　C. 频率稳定度高

二、问答题

试用相位平衡条件判定题图 7-2 所示电路能否产生正弦波振荡。

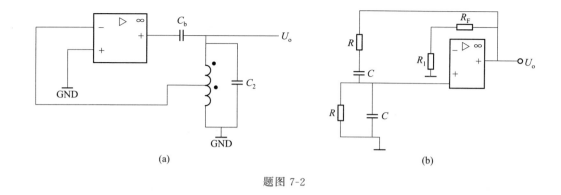

题图 7-2

7.3 石英晶体正弦波振荡器

一、选择题

1. 关于石英晶体振荡器，以下说法正确的是（　　）。

A. 当 $f=f_S$ 时，石英晶体呈感性，可构成串联型石英晶体振荡器

B. 当 $f=f_S$ 时，石英晶体呈阻性，可构成串联型石英晶体振荡器

C. 当 $f_S<f<f_P$ 时，石英晶体呈感性，可构成串联型石英晶体振荡器

2. 石英振荡器的最大特点是（　　）。

A. 振荡频率高　　　　　　　B. 输出波形失真小　　　　　　　C. 振荡频率稳定

3. 当信号频率等于石英晶体的串联谐振频率 f_S 时石英晶体呈（　　），在 f_S 和 f_P 之间呈（　　），在此区域之外呈（　　）。

A. 容性　　　　　　　　　　B. 感性　　　　　　　　　　　　C. 纯阻性

二、问答题

在串联型和并联型石英晶体谐振荡电路中,石英晶体相当于什么元件?

第 8 章　集成运算放大器

8.1　集成运算放大器的组成和特点

一、判断题

1. 集成电路一般是在一块厚 0.2～0.5mm、面积约为 0.5mm² 的 P 型硅片上通过平面工艺制作成的。（　　）
2. 电感目前可以集成。（　　）

二、填空题

1. 集成运算放大器的组成通常包括_____、_____、_____和_____。
2. 集成运放的理想化条件是_____、_____、_____、_____和_____。

三、选择题

1. 集成运放电路采用直接耦合方式是因为（　　）。
   A. 可获得很大的放大倍数　　　B. 可使温漂小　　　C. 集成工艺难于制造大容量电容
2. 通用型集成运放适用于放大（　　）。
   A. 高频信号　　　B. 低频信号　　　C. 任何频率信号
3. 集成运放制造工艺使得同类半导体管的（　　）。

A. 指标参数准确　　　　B. 参数不受温度影响　　　　C. 参数一致性好

四、问答题

分析集成运放应用电路的基本步骤。

8.2　集成运算放大器基本电路

一、判断题

1. 开环差模电压放大倍数用 A_V 表示。（　　）

2. 集成运放的理想化条件之一是开环差模电压放大倍数无穷大。（　　）

3. 反相比例运算放大电路，其特点是输入信号加在集成运放的同相输入端。（　　）

4. 运放的输入失调电压 U_{IO} 是两输入端电位之差。（　　）

5. 运放的输入失调电流 I_{IO} 是两端电流之差。（　　）

6. 运放的共模抑制比 $K_{CMR} = \left| \dfrac{A_d}{A_c} \right|$。（　　）

7. 有源负载可以增大放大电路的输出电流。（　　）

8. 在输入信号作用时，偏置电路改变了各放大管的动态电流。（　　）

9. 运算电路中一般均引入负反馈。（　　）

10. 在运算电路中，集成运放的反相输入端均为虚地。（　　）

11. 凡是运算电路都可利用"虚短"和"虚断"的概念求解运算关系。（　　）

12. 各种滤波电路的通带放大倍数的数值均大于1。（　　）

二、填空题

1. 为避免50Hz电网电压的干扰进入放大器，应选用_____滤波电路。

2. 输入信号的频率为10～12kHz，为防止干扰信号的混入，应选用_____滤波电路。

3. 为了获得输入电压中的低频信号，应选用_____滤波电路。

4. 为了使滤波电路的输出电阻足够小，保证负载电阻变化时滤波特性不变，应选用_____滤波电路。

5. 分别选择"反相"或"同相"填入下列各空内。

① _____比例运算电路中集成运放反相输入端为虚地，而_____比例运算电路中集成运放两个输入端的电位等于输入电压。

② _____比例运算电路的输入电阻大，而_____比例运算电路的输入电阻小。

③ _____比例运算电路的输入电流等于零，而_____比例运算电路的输入电流等于流过反馈电阻中的电流。

④ _____比例运算电路的比例系数大于1，而_____比例运算电路的比例系数小于零。

6. 填空。

① _____运算电路是可实现$A_u>1$的放大器。

② _____运算电路是可实现$A_u<0$的放大器。

③ _____运算电路可将三角波电压转换成方波电压。

④ _____运算电路可实现函数$Y=aX_1+bX_2+cX_3$，a、b和c均大于零。

⑤ _____运算电路可实现函数$Y=aX_1+bX_2+cX_3$，a、b和c均大于零。

三、选择题

1. 集成运放的输入级采用差分放大电路是因为可以（　　）。

A. 减小温漂　　　　　　　B. 增大放大倍数　　　　　C. 提高输入电阻

2. 为增大电压放大倍数，集成运放的中间级多采用（　　）。

A. 共射放大电路　　　　　B. 共集放大电路　　　　　C. 共基放大电路

3. 现有电路：A. 反相比例运算电路　B. 同相比例运算电路　C. 积分运算电路　D. 微分运算电路　E. 加法运算电路

选择一个合适的答案填入下面空内。

① 欲将正弦波电压移相＋90°，应选用（　　）。

② 欲将正弦波电压叠加上一个直流量，应选用（　　）。

③ 欲实现 $A_u=-100$ 的放大电路，应选用（　　）。

④ 欲将方波电压转换成三角波电压，应选用（　　）。

⑤ 欲将方波电压转换成尖顶波电压，应选用（　　）。

四、问答题

1. 集成运放工作在线性区时有什么特点？工作在非线性区时有什么特点？

2. 什么叫"虚短""虚地""虚断"？在什么情况下存在"虚地"？

五、计算题

1. 指出题图 8-1 所示电路属于什么电路，其中 $R_1=5.1\text{k}\Omega$，$u_i=0.2\text{V}$，$u_o=-3\text{V}$，试计算 R_f。

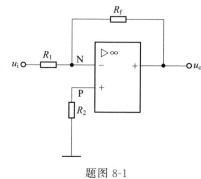

题图 8-1

2. 指出题图 8-2 所示电路属于什么电路，若 $R_1=100\text{k}\Omega$，$u_i=0.1\text{V}$，$u_o=2.1\text{V}$，计算 R_1 的阻值。

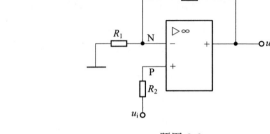

题图 8-2

3. 在题图 8-3 中，已知 $u_{i1}=4\text{V}$，$u_{i2}=-3\text{V}$，$u_{i3}=-2\text{V}$，试计算输出电压 u_o。

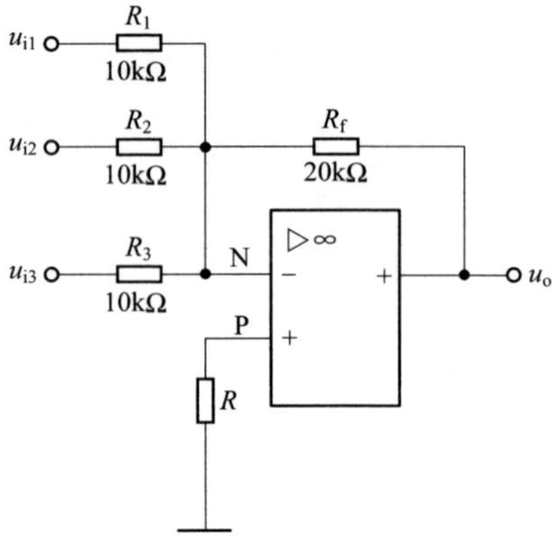

题图 8-3

4. 电路如题图 8-4 所示，集成运放输出电压的最大幅值为 $\pm14\text{V}$，填表。

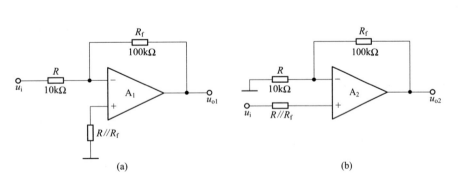

题图 8-4

u_i/V	0.1	0.5	1.0	1.5
u_{o1}/V				
u_{o2}/V				

5. 电路如题图 8-5 所示，试求：

① 输入电阻；

② 比例系数。

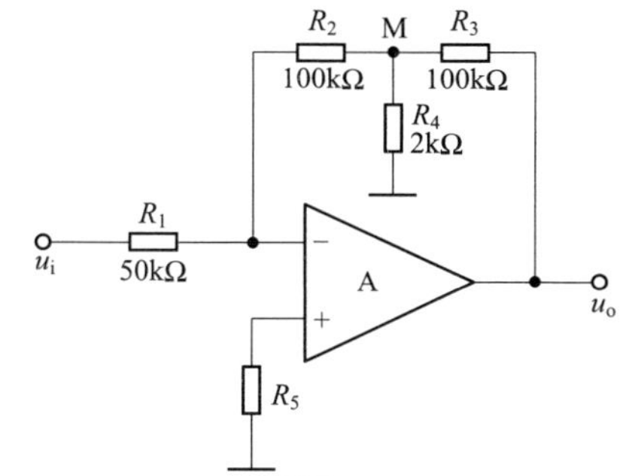

题图 8-5

6. 电路如题图 8-6 所示，集成运放输出电压的最大幅值为 $\pm 14\text{V}$，u_i 为 2V 的直流信号。分别求出下列各种情况下的输出电压。

① R_2 短路；② R_3 短路；③ R_4 短路；④ R_4 断路。

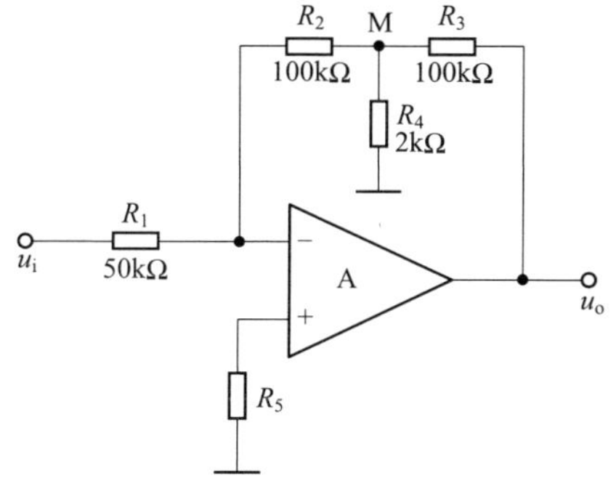

题图 8-6

7. 题图 8-7 所示为恒流源电路，已知稳压管工作在稳压状态，试求负载电阻中的电流。

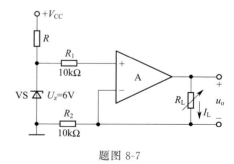

题图 8-7

8. 试求题图 8-8 所示各电路输出电压与输入电压的运算关系式。

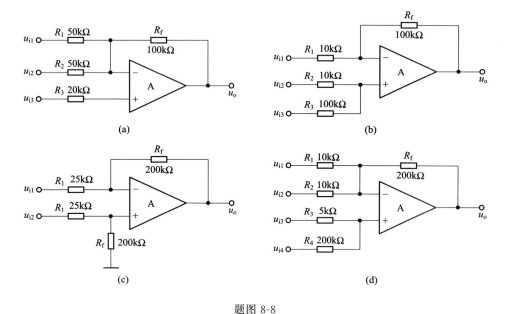

题图 8-8

9. 电路如题图 8-9 所示。

① 写出 u_o 与 u_{i1}、u_{i2} 的运算关系式；

② 当 R_W 的滑动端在最上端时，若 $u_{i1}=10\text{mV}$，$u_{i2}=20\text{mV}$，则 $u_o=$?

③ 若 u_o 的最大幅值为 ±14V，输入电压最大值 $u_{i1\max}=10\text{mV}$，$u_{i2\max}=20\text{mV}$，最小值均为 0V，则为了保证集成运放工作在线性区，R_2 的最大值为多少?

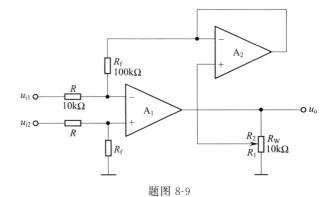

题图 8-9

10. 分别求解题图 8-10 所示各电路的运算关系。

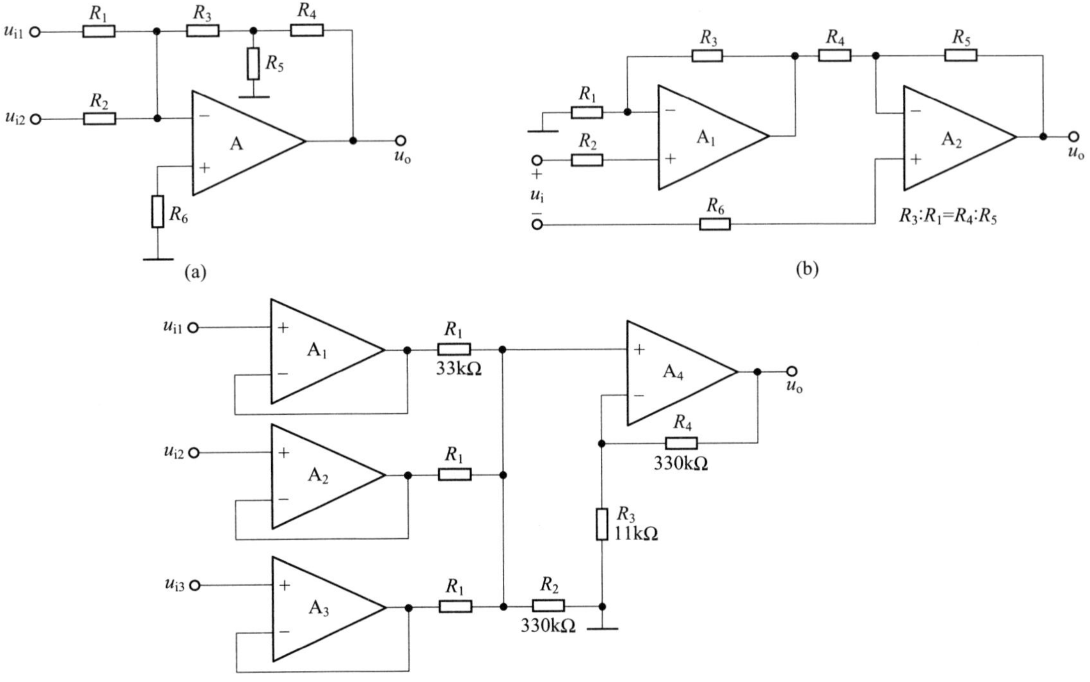

题图 8-10

11. 在题图 8-11（a）所示电路中，已知输入电压 u_i 的波形如图（b）所示，当 $t=0$ 时 $u_o=0$。试画出输出电压 u_o 的波形。

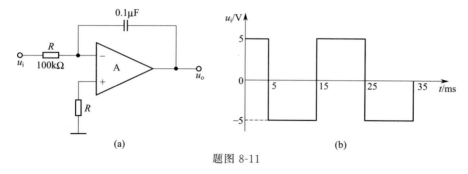

题图 8-11

12. 试分别求解题图 8-12 所示各电路的运算关系。

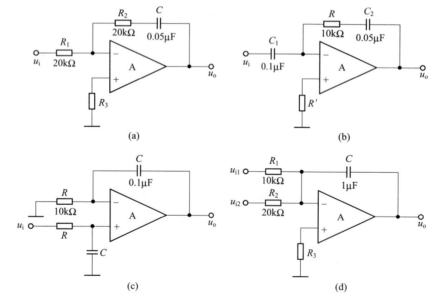

题图 8-12

13. 在题图 8-13 所示电路中，已知 $u_{i1}=4\text{V}$，$u_{i2}=1\text{V}$。回答下列问题：

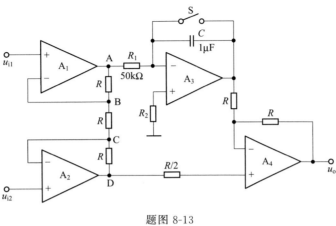

题图 8-13

① 当开关 S 闭合时，分别求解 A、B、C、D 和 u_o 的电位；
② 设 $t=0$ 时 S 打开，经过多长时间 $u_o=0$？

第 9 章　直流稳压电源

9.1　直流稳压电源的组成

9.1.1　半波整流

一、填空题

1. 直流稳压电源由_____、_____、_____与_____组成。

2. 我国民用标准电压为_____V，频率为_____Hz。

3. 交流电网电压经过降压和整流之后得到的是_____直流电。

4. 从脉动直流电到较为平滑的直流电，其中处理此步骤的电路称为_____电路。

5. 整流电路由具有_____的_____组成，用于将正负交替变化的_____整流成为单方向变化的_____。

6. 滤波电路通常由_____、_____等储能元件组成。

二、问答题

1. 滤波电路的作用是什么？

9.1.2 桥式整流

一、填空题

1. PN 结加正向电压时_____，加反向电压时_____，这种特性称为 PN 结的_____特性。
2. 整流电路的作用是_____，核心器件是_____。
3. 单相半波整流与单相桥式整流相比，脉动比较大的是_____，整流效果好的是_____。
4. 在单相桥式整流电路中，如果任意一个二极管反接，则_____，如果任意一只二极管断路，则_____。

二、问答题

1. 整流电路的原理是什么？

2. 如题图 9-1 所示，二极管为理想元件，u_{i1} 为正弦交流电压，已知交流电压表 V_1 的读数为 100V，负载电阻 $R_L = 1\text{k}\Omega$，求开关 S 断开和闭合时直流电压表 V_2 和电流表 A 的读数。（设各电压表的内阻为无穷大，电流表的内阻为零）

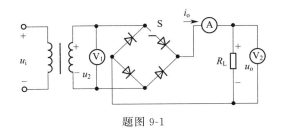

题图 9-1

9.1.3 RC 充放电电路

1. τ 叫做_____，$\tau =$ _____，单位是_____，它反映了_____；τ 愈_____，充电过程愈慢，τ 愈_____，充电过程愈快。

2. RC 充电电路的电流是按_____规律变化的，RC 放电电路的电流是按_____规律变化的。

3. 当电容器两端的电压充到充电电压的 63.2%，所用的时间等于_____。

4. 当 $t=$ _____时，通常认为电容器充电基本结束。

9.1.4 滤波电路

一、选择题

1. 直流稳压电源中滤波电路的目的是（ ）。
A. 将交直流混合量中的交流成分滤掉   B. 将高频变为低频   C. 将交流变为直流

2. 为得到单向脉动较小的电压，在负载电流较小，且变动不大的情况下，可选用（ ）。
A. RCπ 滤波   B. LCπ 滤波   C. LC 滤波   D. 不用滤波

3. 在单相桥式整流（电感滤波时）电路中，输出电压的平均值 U_o 与变压器副边电压有效值 U_2 应满足（ ）。
A. $U_o=1.4U_2$ B. $U_o=0.9U_2$ C. $U_o=0.45U_2$ D. $U_o=1.2U_2$

二、填空题

1. 滤波电路分为_____、_____、_____和_____电路四种形式。

2. 两电容并联，容量_____。

3. 电容容量越大，滤波效果越_____，输出波形越_____，输出电压越_____。

4. 滤波电容一般根据_____和_____的大小选择最佳容量。

5. 利用电感对交流_____，对直流_____的特点，可以用带贴芯的线圈做成滤波器。

6. 电感滤波输出电压_____，相对输出电压_____，随负载变化也_____，适用于负载电流_____或负载经常变化的场合。

7. 复式滤波器结构简单，能兼起_____、_____作用，滤波效能也较高，适用于负载电流_____而又要求输出电压脉动_____的场合。

三、问答题

1. 什么是 π 形滤波器？

2. 如何选取滤波电容的容量？

9.1.5 稳压电路

一、选择题

1. 稳压管是特殊的二极管，它一般工作在（　　　）状态。

   A. 正向导通　　　　B. 反向截止　　　　C. 反向击穿　　　　D. 无法确定

2. 稳压二极管构成的并联型稳压电路，其正确的接法是（　　　）。

   A. 限流电阻与稳压二极管串联后，负载电阻再与稳压二极管并联

   B. 稳压二极管与负载电阻并联

   C. 稳压二极管与负载电阻串联

3. 硅稳压管稳压电路，稳压管的稳定电压应（　　　）负载电压。

   A. 大于　　　　　　B. 小于　　　　　　C. 等于　　　　　　D. 都可以

4. 硅稳压管稳压电路，稳压管的电流应（　　　）负载电流。

   A. 大于　　　　　　B. 小于　　　　　　C. 等于　　　　　　D. 大于 2 倍

5. 稳压电路如题图 9-2 所示，稳压管的稳定电压是 9V，正向压降是 0.6V，输出电压 u_o=9.6V 的电路是（　　　）。

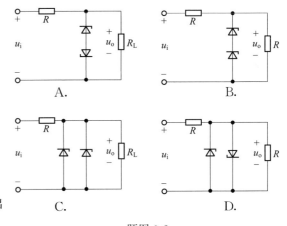

题图 9-2

二、填空题

1. 稳压二极管稳压需要工作在_____状态，当加在稳压管两端的反向电压降低后，管子仍可恢复原来的状态。

2. 稳压二极管稳压有个前提条件，即_____和_____的乘积不超过 PN 结容许的_____，超过了就会因为热量散不出去而使 PN 结温度上升，直到过热而烧毁，这属于热击穿。

3. 稳定电流 I_z 是稳压管正常工作时的电流参考值，实际电流_____此值，稳压效果略差，高于此值时只要不超过最大稳定电流 I_{zmax}，电流_____，稳压效果越好，但管子的功耗将_____。

三、问答题

1. 如题图 9-3 所示，若是输出电压 U_o 上升，会引起怎样的一系列变化？

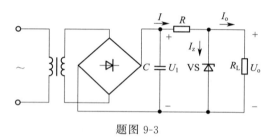

题图 9-3

2. 已知题图 9-4 所示的电路中稳压管的稳定电压 $U_z=6V$，最小稳定电流 $I_{zmin}=5mA$，最大稳定电流 $I_{zmax}=25mA$。

（1）分别计算 U_i 为 10V、15V、35V 三种情况下输出电压 U_o 的值；

（2）若 $U_i=35V$ 时负载开路，则会出现什么现象？为什么？

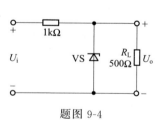

题图 9-4

9.2 串联型直流稳压电源

一、选择题

1. 串联型稳压电路中的调整管工作在（　　）。

   A. 截止区　　　B. 放大区　　　C. 饱和区　　　D. 击穿区

2. 在串联型稳压电路中，为了满足输出电压的调节范围，可以（　　）。

   A. 提高输入电压的数值　　　　B. 提高放大管的放大倍数

   C. 把调整管改为复合管　　　　D. 把放大管改为差动电路

3. 直流稳压电源中滤波电路的目的是（　　）。

   A. 将交流变为直流　　　　　　B. 将高频变为低频

   C. 将交、直流混合量中的交流成分滤掉　　D. 将交、直流混合量中的直流成分滤掉

4. 整流的目的是（　　）。

   A. 将正弦波变方波　　　　　　B. 将交流变直流

   C. 将高频信号变成低频信号　　D. 将微弱信号变强大信号

5. 直流电源电路如题图 9-5 所示，用虚线将它分成了五个部分，其中稳压环节是指图中（　　）。

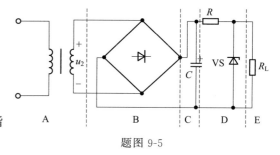

题图 9-5

6. 串联型稳压电路中的放大环节所放大的对象是（　　）。

   A. 基准电压　　　　　　　　　B. 取样电压

   C. 基准电压与取样电压之差　　D. 基准电压与取样电压之和

二、填空题

1. 将交流电变为直流电的电路称为_____。

2. 串联型稳压电路由_____、_____、_____和_____四个部分组成。

3. 串联型直流稳压电源稳压电路可分为_____、_____、_____和_____四个部分。

4. 稳压过程实质上是通过_____反馈使输出电压保持稳定的过程。

5. 稳压电路的作用是保持_____的稳定,不受电网电压和_____变化的影响。

6. 技术指标是用来表示稳压电源性能的参数,稳压电源的技术指标可以分为_____指标和_____指标。

7. 在输入电压以及负载均不变、只改变温度时,_____的变化量与_____之比,称为温度系数。

8. 串联型稳压电源的输出电阻 R_o 越小,输出电压受负载的影响便越_____,带负载能力便越_____。

三、问答题

1. 直流稳压电源一般由哪几部分组成?各个部分的作用是什么?

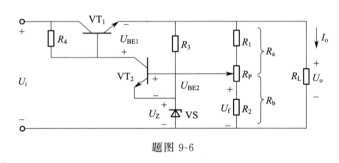

题图 9-6

2. 分析题图 9-6 所示电路,试说明当输出电压上升时,是通过怎样一系列变化使输出电压下降的。

3. 串联型稳压电路见题图 9-7，稳压管 VS 的稳定电压为 5.3V，电阻 $R_1=R_2=200\Omega$，晶体管的 $U_{BE}=0.7V$。

① 试说明电路的如下 4 个部分分别由哪些元器件构成：调整环节、放大环节、基准环节、取样环节；

② 当 R_P 的滑动端在最下端时，$U_o=15V$，求 R_P 的值；

③ 当 R_P 的滑动端移至最上端时，问输出电压 U_o 为多少。

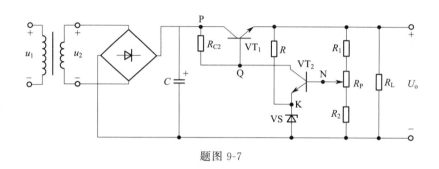

题图 9-7

9.3 集成稳压器

一、选择题

1. 下列不属于三端稳压器引出端的是（　　）。

   A. 调整端　　　　B. 输入端　　　　C. 输出端　　　　D. 使能端

2. 集成稳压器 W7805 输出的是（　　）。

   A. 5V　　　　　　B. 12V　　　　　　C. 9V　　　　　　D. 15V

3. 集成稳压器 W7812 输出的是（　　）。

A. 5V   B. 12V   C. 9V   D. 15V

二、填空题

1. 三端固定式集成稳压器的负载改变时，其输出电压值_____。

2. 三端可调式集成稳压器的 3 个引出端是_____、_____和_____。

3. 三端集成稳压器的输入与输出都并接电容是为了_____。

4. 在 7800 系列三端集成稳压器中，集成有_____保护电路、_____保护电路以及_____保护电路，可使集成稳压器在不正常工作时不至于损坏。

5. 三端集成稳压器电路中除了串联型直流稳压电路的各部分外，还增加了_____和_____。

三、问答题

现有 W7805、W7905、W7809、W7909 四只三端集成稳压器，需要你设计一个稳压输出 5V 的电路，请在下方画出电路图。

第 10 章　组合逻辑电路

10.1　数字信号与数字电路

一、填空题

1. 电子电路处理的信号可以分为两大类：一类是随时间的推移，数值上_____变化的信号，称为模拟信号；另一类是随时间推移，数值上发生_____、_____变化的信号，称为_____。

2. 用来处理模拟信号的电子电路叫做_____，用来处理数字信号的电子电路叫做_____。

3. 数字信号和数字电路具有抗干扰能力强、_____、_____、_____、信息容易_____和_____等优点。

二、问答题

请简述数字信号和数字电路的含义。

10.2 逻辑代数基础

一、选择题

1. 十进制数 221 的 BCD8421 码是（　　）。

   A. 221　　　　B. 110111011100　　C. 001000100001　　D. 8421

2. 化简函数 $Y=\bar{A}+A \cdot B+\bar{B} \cdot C$ 的最简表达式为（　　）。

   A. $Y=A+B$　　　B. $Y=\bar{A}+\bar{C}$　　　C. $Y=\bar{A}+B+C$　　D. $Y=B$

二、问答题

1. 什么是数制？常用的数制有哪些？

2. 为什么要化简逻辑函数？

3. 将下列十进制数转换为相应的二进制数、十六进制数，并采用 8421BCD 码表示。

   $(22)_D$　　　　$(57)_D$　　　　$(95)_D$　　　　$(123)_D$

4. 将下列二进制数据转换为相应的十进制数和十六进制数。

(11011101)$_B$　　　　(11011001)$_B$　　　　(11001101)$_B$　　　　(10011101)$_B$

5. 化简下列逻辑函数表达式。

$Y = AB + \bar{A}C + BC$ 　　　　　　　　$Y = ABCD + \overline{AB}EF + CDEF$

$Y = ABC + ABD + A\overline{\overline{BC}} + B\bar{C} + AB + C$

10.3　基本门电路

一、填空题

1. 数字电路又称为_____，分析数字电路的工具是_____。

2. 数字电路中，三种最基本的逻辑关系：_____、_____、_____。

3. 在逻辑代数中，逻辑值有两种：_____和_____。

二、问答题

1. 请列出常用的基本逻辑门电路的逻辑符号、逻辑表达式、逻辑运算规则。

2. 常用的复合逻辑门有哪些？列出它们的逻辑符号、逻辑表达式、逻辑运算规则。

10.4　CMOS 门电路

一、填空题

1. CMOS 门电路的全称是_____，其电路结构都采用增加型_____管和增加型_____管。

2. CMOS 反相器可以实现_____的逻辑功能。

二、问答题

1. 什么是 CMOS 电路？简单说明一下它的优点。

2. 试说明 CMOS 传输门电路的作用，并画出它的逻辑符号。

10.5　TTL 门电路

一、填空题

1. TTL 是指＿＿＿＿＿＿逻辑集成电路。

2. OC 门又称为＿＿＿＿，多个 OC 门输出端并联在一起可实现＿＿＿＿功能。

二、问答题

1. 什么是 TTL 逻辑门电路？简单说明一下它的优点。

2. 画出 OC 门电路的逻辑符号。

10.6　门电路的其他问题

一、填空题

1. 数字电路实践中，可以对门电路多余引脚进行处理，与门应将多余引脚接＿＿＿＿，或门应将多余引脚接＿＿＿＿。

2. 对于门电路多余引脚的处理，主要是为了保证_____。

二、问答题

集成门电路与非门一般有哪几种多余引脚的处理方法？

10.7 组合逻辑电路的分析与设计

一、问答题

1. 什么是组合逻辑电路？它的特点有哪些？

2. 简述组合逻辑电路的分析步骤和设计步骤。

二、分析题

已知逻辑电路如题图 10-1 所示,试分析其逻辑功能,要求写出分析过程。

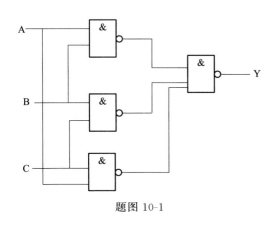

题图 10-1

10.8 加法器

一、填空题

1. 半加器是指能够实现_____的电路。

2. 数字系统电路中,"全加"是指将本位的_____、_____以及来自低位的_____3 个数相加。

二、问答题

1. 试写出半加器的逻辑表达式,并画出它的逻辑电路图和逻辑符号。

2. 试写出全加器的逻辑表达式,并画出它的逻辑电路图和逻辑符号。

10.9 编码器

一、填空题

1. 常用的编码器可分为_____和_____两类。
2. 将输入的信息转换为一组二进制代码的过程称为_____。

二、问答题

什么是编码和编码器?

10.10 译码器

一、填空题

1. _____是编码的逆过程,实现_____功能的电路叫做_____。
2. 常用的译码器有_____、_____、_____、_____等。
3. 数码管采用共阳连接,七段显示译码器的输出 $Y_a \sim Y_g$ 为 0010010 时可显示数_____。

二、问答题

什么是译码和译码器？

10.11　数据选择器

一、填空题

1. 数据选择器的作用是从_____中，选择一路作为输出。

2. 数据选择器又称为_____。

二、问答题

简述数据选择器的逻辑功能。

10.12　数值比较器

一、填空题

1. 数值比较器是实现对_____的_____进行比较的电路。

2. 对两数 A、B 进行比较，以判断其大小的逻辑电路，比较结果有_____、_____以及_____三种情况。

二、问答题

通过电路图说明多位数值比较器的工作原理。

第 11 章　时序逻辑电路

11.1　RS 触发器

一、判断题

RS 触发器的约束条件 RS＝0 表示不允许出现 R＝S＝1 的输入。（　　）

二、填空题

1. 一个基本 RS 触发器在正常工作时，它的约束条件是 $\bar{R}+\bar{S}=1$，则它不允许输入 $\bar{S}=$ _____ 且 $\bar{R}=$ _____ 的信号。

2. 一个基本 RS 触发器在正常工作时，不允许输入 R＝S＝1 的信号，因此它的约束条件是_____。

三、选择题

RS 型触发器的 "R" 意指（　　）。

A. 重复　　　　　B. 复位　　　　　C. 优先　　　　　D. 异步

四、问答题

1. RS 触发器的工作特点是什么？

2. 为什么 RS 触发器输入端有抖动信号，而输出端不会产生？

11.2 JK触发器

一、判断题

对于边沿 JK 触发器,在 CP 为高电平期间,当 J=K=1 时,状态会翻转一次。(   )

二、选择题

1. 对于 JK 触发器,若 J=K,则可实现(   )触发器的逻辑功能。

A. RS   B. D   C. T   D. T′

2. 欲使 JK 触发器按 $Q^{n+1}=Q^n$ 工作,可使 JK 触发器的输入端(   )。

A. J=K=0   B. J=Q,K=$\overline{Q}$ C. J=$\overline{Q}$,K=Q   D. J=Q,K=0

E. J=0,K=$\overline{Q}$

3. 欲使 JK 触发器按 $Q^{n+1}=\overline{Q^n}$ 工作,可使 JK 触发器的输入端(   )。

A. J=K=1   B. J=Q,K=$\overline{Q}$ C. J=$\overline{Q}$,K=Q   D. J=Q,K=1

E. J=1,K=Q

4. 对于 JK 触发器,若 J=K,则可实现(   )触发器的逻辑功能。

A. T   B. D   C. RS   D. T′

(T 是时钟信号输出,T′ 是时钟信号 2 分频后输出)

三、分析题

1. 在一 CP 脉冲上升沿触发的 JK 触发器上加如题图 11-1 所示的波形,画出输出端的波形图(设初始状态为 0)。

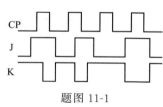

题图 11-1

2. 在一 CP 脉冲下降沿触发的 JK 触发器上加如题图 11-1 所示的波形，画出输出端的波形图（设初始状态为 0）。

11.3　T 触发器和 D 触发器

一、判断题

1. D 触发器的特性方程为 $Q^{n+1}=D$，与 Q^n 无关，所以它没有记忆功能。（　　）
2. 采用 T 或 T′触发器也可构成移位寄存器。（　　）

二、选择题

1. 对于 D 触发器，欲使 $Q^{n+1}=Q^n$，应使输入 D＝（　　）。

A. 0　　　　　　　　　　B. 1　　　　　　　　　　C. Q　　　　　　　　　　D. $\overline{Q}$

2. 为实现将 JK 触发器转换为 D 触发器，应使（　　）。

A. J＝D，K＝$\overline{D}$　　　　B. K＝D，J＝$\overline{D}$　　　　C. J＝K＝D　　　　D. J＝K＝$\overline{D}$

3. 边沿式 D 触发器是一种（　　）稳态电路。

A. 无　　　　　　　　　　B. 单　　　　　　　　　　C. 双　　　　　　　　　　D. 多

4. 欲使 D 触发器按 $Q^{n+1}=\overline{Q^n}$ 工作，应使输入 D＝（　　）。

A. 0　　　　　　　　　　B. 1　　　　　　　　　　C. Q　　　　　　　　　　D. $\overline{Q}$

三、分析题

如题图 11-2 所示电路是由 D 触发器和与门组成的移相电路，在时钟脉冲作用下，其输出端 A、B 输出 2 个频率相同、相位不同的脉冲信号。试画出 Q、$\overline{Q}$、A、B 端的时序图。

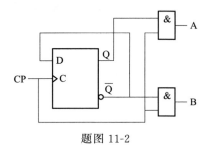

题图 11-2

11.4 寄 存 器

一、判断题

1. 寄存器常用于临时性保存参与计算、输入、输出等的数据，通常用 D 触发器构成数据寄存器。（　　）

2. 因为一个触发器可以储存一位二进制数据，所以用 N 个触发器就能组成一个能储存 N＋1 位二进制数据的寄存器。（　　）

二、问答题

简述 74HC595 集成移位寄存器的工作原理。

11.5 同步时序逻辑电路的分析方法

一、判断题

1. 同步时序电路由组合电路和存储器两部分组成。（   ）
2. 时序电路不含具有记忆功能的器件。（   ）
3. 同步时序电路具有统一的时钟 CP 控制。（   ）

二、分析题

1. 试设计一个时序脉冲发生器，画出其逻辑图。时序脉冲波形如题图 11-3 所示。

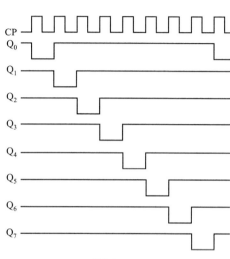

题图 11-3

2. 计数器如题图 11-4 所示，试分析它是几进制的。

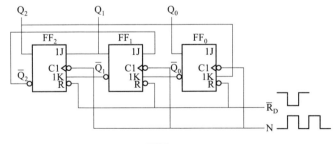

题图 11-4

CP	Q_2^n	Q_1^n	Q_0^n	Q_2^{n+1}	Q_1^{n+1}	Q_0^{n+1}
1	0	0	0	0	1	1
2	0	1	1	1	1	1
3	1	1	1	1	1	0
4	1	1	0	0	0	1
5	0	0	1	0	1	1

11.6 计 数 器

一、判断题

1. 计数器是用以统计输入脉冲 CP 个数的电路。（　　）

2. 计数器一定是异步计数器。（　　）

二、填空题

1. 计数器按计数增减趋势分，有_____、_____和_____计数器。

2. 计数器按触发器的翻转顺序分，有_____和_____计数器。

3. 一个五进制计数器也是一个_____分频器。

三、选择题

同步计数器和异步计数器比较，同步计数器的显著优点是（　　）。

A. 工作速度高　　　　　　B. 触发器利用率高　　　　　　C. 电路简单　　　　　　D. 不受时钟 CP 控制

四、分析题

利用集成计数器构成题图 11-5 所示两个电路，试分析各电路为几进制计数器。

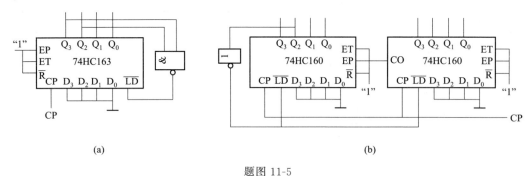

题图 11-5

11.7 555定时器

一、判断题

555 定时器可用于实现定时、延时、振荡器、施密特触发器等功能。（   ）

二、填空题

555 集成电路组成的多谐振荡器的振荡频率取决于_____和_____的组合。

三、分析题

1. 题图 11-6 所示电路为由 555 定时器构成的多谐振荡器，已知 $U_{CC}=10\text{V}$，$C=0.01\mu\text{F}$，$R_1=20\text{k}\Omega$，$R_2=80\text{k}\Omega$，求振荡周期 T，并画出相应的 u_C 和 u_o 的波形。

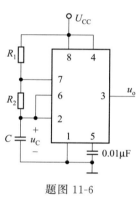

题图 11-6

2. 题图 11-7 所示电路是由 555 定时器构成的路灯照明自动控制电路。R 为光敏电阻，受光照时电阻值小，无光照时电阻值很大。利用继电器 KA 的常开触点去控制路灯。试分析其工作原理，并说明 555 定时器在此电路中构成什么形式的电路，RP 在电路中起什么作用。

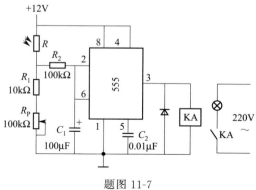

题图 11-7

3. 由 555 定时器构成的电路如题图 11-8 所示。指出该电路功能，计算回差电压 ΔU_T。若已知输入电压波形，画出相应的输出电压波形。

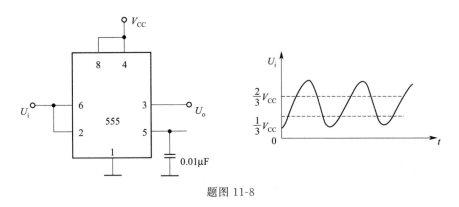

题图 11-8

4. 由 555 定时器构成的电路如题图 11-9 所示，二极管为理想二极管。

① 指出该电路功能。

② 计算 U_o 的振荡周期及占空比。

③ 画出 U_C、U_o 的波形。

④ 若在 5 脚接固定电压 3V，U_o 的周期及占空比是否变化？若变化，定性指出其变化趋势。

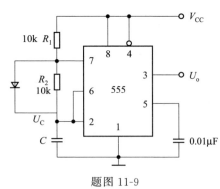

题图 11-9

5. 用集成电路定时器 555 构成的电路和输入波形 U_i 如题图 11-10 所示，电路实现什么功能？试画出所对应的电容上电压 U_C 和输出电压 U_o 的工作波形，并求暂稳宽度 t_W。

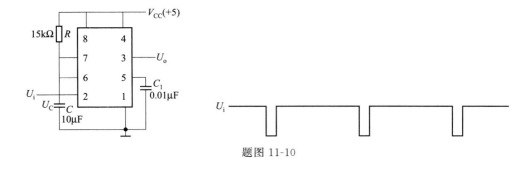

题图 11-10

6. 电路如题图 11-11 所示，二极管 VD 为理想二极管。①指出电路的功能；②计算 V_o 的振荡周期；③画出 U_C、U_o 的波形；④计算 U_o 的占空比。

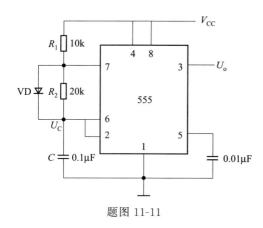

题图 11-11

第 12 章　数模与模数转换器

12.1　D/A 转换器

一、填空题

1. 将_____量转换为_____量的电路，称为数模转换电路，英文简写为_____。

2. D/A 转换器是将输入的二进制_____量转换成_____量，以_____或_____的形式输出，它的实质就是一个译码器（解码器）。

3. D/A 转换器一般由_____、_____、_____、_____和_____等组成。

4. D/A 转换器的主要技术指标有_____、_____、_____和_____。

5. _____用来表征 D/A 转换器对输入微小量变化的敏感程度。

6. 通常用建立时间和转换速率来描述 D/A 转换器的_____。

二、问答题

对于一个 8 位 DAC，若最小输出电压的增量为 0.02V，当输入代码为 01001111 时，输出电压是多少？若其分辨率用百分数表示，则应是多少？

12.2 A/D 转换器

一、填空题

1. 将_____量转换为_____量的电路,称为模数转换电路,英文简写为_____。
2. 一般模数转换的过程包括:_____、_____、_____、_____。
3. 采样是将时间上连续变化的信号,转换为时间上_____的信号,即将时间上连续变化的_____转换为一系列等间隔的_____,_____的幅度取决于输入_____。
4. 输入的模拟电压经过取样保持后,得到的波形是_____,这个波形是一个可以连续取值的模拟量。
5. 将采样后的_____归化到与之接近的_____上,这个过程称为量化。
6. 用二进制数码来表示各个_____的过程称为编码。
7. 量化的方法有_____和_____。
8. ADC 的主要技术指标有_____、_____和_____。

二、问答题

1. 若 A/D 转换器(包括取样-保持电路)输入模拟电压信号的最高变化频率为 10kHz,取样频率的下限是多少?完成一次模数转换所用的时间上限是多少?

2. 如果一个 10 位逐次渐近型 A/D 转换器的时钟频率为 500kHz,计算完成一次转换操作所需要的时间,如果要求转换时间不得大于 $10\mu s$,那么时钟信号频率应选多少?

第 13 章　半导体存储器

13.1　只读存储器 ROM

一、填空题

1. 一个 EPROM 有 18 条地址输入线，其内部存储单元有_____个。
2. 半导体存储器按存取功能分为_____存储器和_____存储器。
3. 只读存储器 ROM 可分为_____、_____、_____、_____四种。

二、选择题

1. 存储器是计算机系统中的记忆设备，它主要用来（　　）。

   A. 存放数据　　　　　　　B. 存放程序　　　　　　　C. 存放数据和程序　　　　　　　D. 存放微程序

2. EEPROM 是指（　　）。

   A. 读写存储器　　　　　　B. 只读存储器　　　　　　C. 闪速存储器　　　　　　　　　D. 电编程只读存储器

3. 下面说法中，正确的是（　　）。

   A. EPROM 是不能改写的　　　　　　　　　　　　　　B. EPROM 是可改写的，所以也是一种读/写存储器
   C. EPROM 只能改写一次　　　　　　　　　　　　　　D. EPROM 是可改写的，但它不能作为读/写存储器

4. ROM 是只读存储器，固化有开机必读的例行程序，关机时（　　）。

   A. 信息自动消失　　　　　　B. 不会消失　　　　　　C. 消失后自行恢复　　　　　　　D. 用户可以随时改写

三、问答题

1. ROM 存储器是如何分类的？

2. ROM 存储器的地址线、数据线、$\overline{CE}$ 与 $\overline{OE}$ 的作用是什么？

13.2　随机读写存储器 RAM

一、填空题

1. 某 SRAM 芯片有 13 条地址线和 8 条数据线，其存储容量为_____。

2. RAM 根据所采用的存储单元工作原理的不同，可分为_____存储器和_____存储器；一个 12 位地址码、4 位输出的 ROM，若需将该 ROM 容量扩展为 4K×8，则需对其进行_____扩展；为构成 8K×8 的 RAM，需要_____片 1024×1 的 RAM，并且需要有_____位地址译码以完成寻址操作。

3. EPROM 属于_____的可编程 ROM，擦除时一般用_____，写入时使用高压脉冲。

二、选择题

1. ROM 与 RAM 的主要区别是（　　）。

A. 断电后，ROM 内保存的信息会丢失，RAM 则可长期保存而不会丢失

B. 断电后，RAM 内保存的信息会丢失，ROM 则可长期保存而不会丢失

C. ROM 是外存储器，RAM 是内存储器

D. ROM 是内存储器，RAM 是外存储器

2. DRAM 的中文含义是（　　）。

A. 静态随机存储器　　　　　B. 动态随机存储器　　　　　C. 静态只读存储器　　　　　D. 动态只读存储器

3. 动态 RAM 的特点是（　　）。

A. 工作中需要动态地改变存储单元内容　　　　　B. 工作中需要动态地改变访存地址

C. 每隔一定时间需要刷新　　　　　D. 每次读出后需要刷新

三、判断题

1. 静态随机存储器的基本特点是可随时快速读写，断电后数据易丢失，因而工作时必须不断刷新。（　　）

2. 计算机的内存由 RAM 和 ROM 两种半导体存储器组成。（　　）

四、问答题

1. 常见随机存储器是如何分类的？

2. 静态随机存储器与动态随机存储器之间的最大区别是什么？

五、分析题

已知 SRAM2112 组成的存储器电路如题图 13-1 所示，其中 2-4 线译码器功能表如题表 13-1 所示，分析该存储器电路的容量及地址范围。

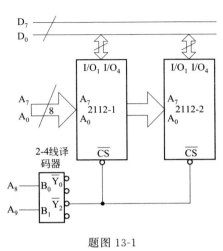

题图 13-1

B_1	B_0	$\overline{Y}_0$	$\overline{Y}_1$	$\overline{Y}_2$	$\overline{Y}_3$
0	0	0	1	1	1
0	1	1	0	1	1
1	0	1	1	0	1
1	1	1	1	1	0

题表 13-1

第1章 习题参考答案

1.1 电能的生产、输送、变换和分配

一、填空题

1. 变电　配电　2. 输电容量　输电距离　3. 水力发电　风力发电　潮汐能发电　4. 总功率　5. 集中输出　集中控制　电力
6. 输电　7. 分配　高电压　小电流　输电电压　8. 超高压级　9. 中心变电站　10.10kV　380V/220V

二、判断题

1. √　2. ×　3. √　4. √

三、问答题

1. 在电力系统中,电力从生产到供给用户使用之前,通常都要经过发电、输电、变电和配电等环节。

2. 电力网都采用高电压、小电流输送电力。根据焦耳-楞次定律（$Q=I^2RT$），电流通过导体所产生的热量 Q,是与通过导体的电流 I 的平方成正比的,所以采用低电压、大电流输送电力是很不经济的,因此电力系统的容量越大,输电距离越长,就要求把输电电压升得越高。

1.2 触电急救

一、填空题

1. 直接接触触电　间接接触触电　2. 直接接触触电　两相触电　电弧伤害　3. 接地短路故障　接触电压触电　4. 电位差

5. 跨步电压 6. 超高压输电线路 配电装置 静电感应 感应电压 7. 0.1MHz 8. 电缆 电容器 电压高 9. 电压高 电流大 10. 季节性 6～9 皮肤电阻 11. 抢救迅速 救护得法 12. 2～3 10～15 5s 1s

二、选择题

1. B 2. D

三、问答题

1. 物体潮湿后电阻会变小，而生活用电的电压一般是不变的，根据欧姆定律，电路中会产生较大的电流。如果用湿布擦电灯、用湿手触摸用电器或用不干燥的木棍把电线从人身上拨开，就会使通过人体的电流过大而造成触电。

2. 安装避雷针后，当有雷电时，由于避雷针都是用钢铁等容易导电的金属材料做成的，所以电流会从避雷针传入大地，从而避免电流通过建筑物产生破坏作用。

3. 因为用手去拉触电的人，会使救人的人与触电的人连接在一起，人体是导体，就会有电流从触电的人传到救人的人，这时救人的人也会触电。若遇到有人触电，应尽快切断电源，或者用干燥的木棍将电线从触电的人身上挑开，迅速使触电的人脱离电源。

1.3 电工安全操作规程

1. 有电 2. 有人工作，禁止合闸 3. 500V 4. 四氯化碳粉质 水 5. 大于

1.4 电气防火防爆

一、填空题

1. 燃烧现象 物理或化学 2. 短路 接触不良 通风散热条件恶化

二、问答题

带电灭火时，应使用干式灭火器、二氧化碳灭火器进行灭火，而不得使用泡沫灭火剂或用水泼火。用水枪带电灭火时，宜采用泄漏电流小的喷雾水枪，并将水枪喷嘴接地。灭火人员应戴绝缘手套，穿绝缘靴或均压服操作。喷嘴至带电体的距离：110kV 及其以下者不应小于 3m；220kV 及其以上者不应小于 5m。使用不导电的灭火器灭火时，灭火器机体的喷嘴至带电体的距离：10kV 及其以下者不应小于 0.4m；35kV 及其以上者不应小于 0.6m。

第 2 章 习题参考答案

2.1 电路的概念

一、填空题

1. 实际元件　直流电阻电路　路径　2. 传输　分配　传递　处理　3. 理想电路元件　电路原理图　4. 通路　断路　短路　5. 定向移动　正电荷　反方向　安培　A　6. 直流电流　交流电流　不随时间　随时间　7. 带电体　电荷　电压　伏特　V_{ab}　8. 直流电压　交流电压　9. 电源力　负极　低电位　伏特　10. 电流　欧姆　11. 电阻元件　电阻　12. 电功率　焦耳　UI　13. 电压　电流　通电时间　焦耳　14. 导体发热　I^2Rt　焦耳（J）　15. 长期安全　最大电压　最大功率　额定工作状态

二、选择题

1. D　2. C　3. B　4. A　5. D

三、判断题

1. ×　2. √　3. ×　4. ×　5. ×　6. ×　7. ×

四、问答题

1. 电路一般是由电源、负载、连接导线、控制装置四部分组成。

电路各部分的作用是：①电源（供能元件），为电路提供电能的设备和器件；②负载（耗能元件），使用（消耗）电能的设备和器件；③控制装置，控制电路工作状态的器件或设备；④连接导线，将电气设备和元器件按一定方式连接起来。

2. 电位与电压的关系：①电压就是电路中任意两点之间的电位差，如 A、B 两点之间的电压为 $U_{AB}=\varphi_A-\varphi_B$；②电位就是电压，就是电路中某一点到参考点的电位差。设参考点为 O 点，即 $\varphi_O=0$，则电路中 A 点的电位为 $\varphi_A=U_{AO}=\varphi_A-\varphi_O$。

如果电路中某两点的电位很高，不能说明这两点之间的电压也很高。电压是电路中两点之间的电位差，虽然两点的电位很高，但不能确定电压也很高，只有当电位差大时，电压才很高。

3. 在电源中，电动势与电压的关系是：①大小相等；②方向相反。

4. 解：工作时间 $t=20\text{min}=1/3\text{h}$，功率 $P=6000\text{W}=6\text{kW}$，$U=220\text{V}=$ 额定电压

则 $W=Pt=6\text{kW}\times 1/3\text{h}=2\text{kW}\cdot\text{h}=2$ 度

即通电 20min 后消耗电能 2 度。

2.2 简单电路的分析

一、填空题

1. 欧姆定律　2. 负载　电源　内电路　外电路　3. 开路电压　4. 一系列数值　5. 长期连续工作　6. 表面　7. 一条通路　8. 同一电压　9. 串联　并联　10. 等于　11. －20　70

二、选择题

1. A　2. A　3. A　4. C　5. C　6. B　7. B

三、判断题

1. √　2. ×　3. ×　4. ×　5. ×

四、问答题

1. ①准备测量电路中的电阻时应先切断电源，不能带电测量。②估计被测电阻的大小，选择合适的倍乘挡，然后进行欧姆调零，即将两支表笔相触，旋动欧姆调零电位器，使指针指在欧姆零位。③测量时双手不可碰及电阻的引脚和表笔金属体，以免接入人体电阻，引起测量误差。④测量电路中某一电阻时，应将电阻的一端断开，以免接入其他电阻。

2. 因为 $P_e = \dfrac{U_e^2}{R}$，所以 $R = \dfrac{U_e^2}{P_e}$，可见额定电压相同而额定功率不同的两只电阻器中，额定功率小的电阻值大，额定功率大的电阻值小；当它们通过相同的电流时，由 $P_{实际} = I_{实际}^2 R$ 可知，额定功率小的电阻值大、实际功率大，额定功率大的电阻值小、实际功率小。

五、计算题

1. $R = 2.7 \times 10^{-2} \times \dfrac{300}{100} = 8.1 \times 10^{-2}$（Ω），$I = \dfrac{5.4}{8.1 \times 10^{-2}} = 66.7$（A）

2. ① $E = 12\text{V}$，$r_0 = \dfrac{12-11}{5} = 0.2$（Ω）；② $P_{R\max} = \dfrac{E^2}{4r_0} = \dfrac{12^2}{4 \times 0.2} = 180$（W）

3. "220V，25W"的白炽灯泡亮些。

4. 根据欧姆定律，有：

$U_{R3} = IR_3 = 1 \times 4 = 4$（V）

根据两电阻分流原理有：2Ω 的电流为 2A。

所以右边电阻的 $U_{R3} = IR_3 = 3 \times 4 = 12$（V）。

电源电动势 $E = 12 + 4 = 16$（V）。

5. 根据欧姆定律，有 $I = \dfrac{E}{r} = \dfrac{10}{0.5} = 20$（A），可见电流达到 20A，远大于量程 1A，电流表会损坏。

6. 为了便于生产，同时考虑到能够满足实际使用的需要，国家规定了一系列数值作为产品的标准，这一系列值叫电阻的标称系列值。到目前为止，E 系列无 7.8 系列阻值的电阻，买不到。

7. ① S 接到 1 时，R_1 电阻被短接，电压表的读数为零。② S 接到 2 时，R_2、R_3 电阻先并联再与 R_1 电阻串联，所以 $R_2 // R_3 = 600 // 300 = 200$（Ω），$R_1$ 与 R_{23} 均为 200Ω，平均分压，所以电压表的读数为 5V。③ S 接到 0 时，R_3 开路，R_1 与 R_2 串联分压，电压表的读数为 R_1 上的电压，$U = \dfrac{R_1}{R_1 + R_2} E = \dfrac{200}{200 + 600} \times 10 = 2.5$（V）。

8. ① 开关 S 闭合时，$\varphi_a = 6\text{V}$，$\varphi_b = -3\text{V}$，$\varphi_c = 0$。② 开关 S 断开时，$\varphi_a = 6\text{V}$，$\varphi_b = \varphi_a = 6\text{V}$，$\varphi_c = 6 + 3 = 9$（V）。

2.3 复杂电路的分析

一、填空题

1. 复杂电路　基尔霍夫　2. 流入　流出　3. 代数和　4. 待求量　5. 电压　电位　6. 电流源　串联　并联　7. 外特性　等效　8. 两个出线端　9. 等效电源　开路电压　输入电阻　10. 参数　独立电源

二、选择题

1. C　2. A　3. B　4. B

三、判断题

1. ×　2. √　3. ×　4. ×　5. √　6. √　7. ×　8. ×

四、计算题

1. 解：根据基尔霍夫节点电流定律有

$I_2 + I_3 + I_4 + I_6 = I_1 + I_5$

$I_6 = (I_1 + I_5) - (I_2 + I_3 + I_4)$

$I_6 = (4+3) - (2-5+3) = 7$（A）

2. 解：① 设各支路电流方向、回路方向如下所示：

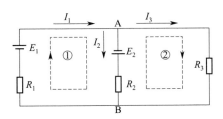

② 根据基尔霍夫定律列方程：

$$\begin{cases} I_1 = I_2 + I_3 \\ I_1 R_1 + I_2 R_2 = E_1 + E_2 \\ I_3 R_3 - I_2 R_2 = -E_2 \end{cases}$$

③ 将已知量代入方程式解得：

$I_1 = 2.5\text{A}$（实际方向与假设方向相同），$I_2 = 4\text{A}$（实际方向与假设方向相同），$I_3 = -1.5\text{A}$（实际方向与假设方向相反）。

3. 解：① 设各支路电流方向、回路方向、电压方向如下所示：

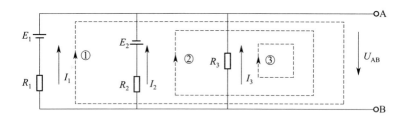

② 根据基尔霍夫定律列方程：

$$\begin{cases} I_1 + I_2 + I_3 = 0 \\ I_1 R_1 + U_{AB} - E_1 = 0 \\ I_2 R_2 + U_{AB} + E_2 = 0 \\ I_3 R_3 + U_{AB} = 0 \end{cases}$$

③ 求出 U_{AB}：

$\because I_1 + I_2 + I_3 = 0 \quad \therefore \dfrac{E_1 - U_{AB}}{R_1} + \dfrac{-E_2 - U_{AB}}{R_2} + \dfrac{-U_{AB}}{R_3} = 0$

解得：$U_{AB} = -3\text{V}$

④ $I_1 = 2.5\text{A}$（实际方向与假设方向相同），$I_2 = 4\text{A}$（实际方向与假设方向相反），$I_3 = 1.5\text{A}$（实际方向与假设方向相同）。

4. 解：① 把电路分解为含源二端网络和待求支路，如图（a）所示。

② 求出含源二端网络的开路电压 U_{OC}，如图（b）所示，即：

$$I = \frac{E_1 + E_2}{R_1 + R_2} = 3\text{A}, \quad U_{\text{OC}} = E_2 - IR_2 = 15 - 3 \times 3 = 6 \text{ (V)}$$

③ 求网络两端的输入电阻（等效电阻）R_o，如图（c）所示，即：

$$R_o = R_{\text{AB}} = R_1 // R_2 = 2\Omega$$

④ 画出含源二端网络的等效电路并把待求支路接上，如图（d）所示，求出待求支路电流 I，即：

$$I = \frac{E}{R_3 + R_o} = \frac{U_{\text{OC}}}{R_3 + R_o} = \frac{6}{3+2} = 1.5 \text{ (A)}$$

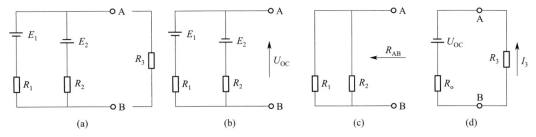

5. 解：

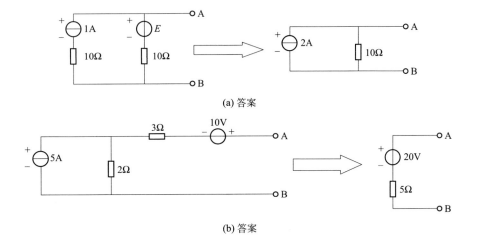

(a) 答案

(b) 答案

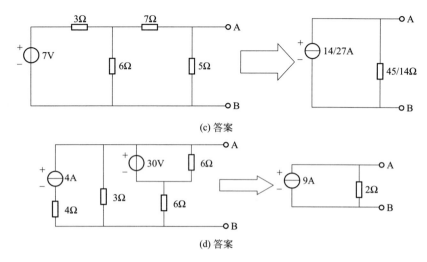

(c) 答案

(d) 答案

6. 解：① 将原电路图（a）分解为由各个独立电源单独作用的简单电路，如图（b）、图（c）所示。

② 在原电路图（a）及简单电路图（b）、图（c）中标出每条支路电流的参考方向。

③ 计算各个简单电路的电流分量。如图（b）、图（c）所示，根据全欧姆定律，电阻并联分流有

$$R_{23}=R_2//R_3=25\Omega \qquad R_{13}=R_1//R_3=25\Omega$$

$$I'_1=\frac{E_1}{R_1+R_{23}}=0.13\text{A} \qquad I''_2=\frac{E_2}{R_2+R_{13}}=0.13\text{A}$$

$$I'_2=\frac{R_3}{R_2+R_3}I'_1=0.06\text{A} \qquad I''_1=\frac{R_3}{R_1+R_3}I''_2=0.06\text{A}$$

$$I'_3=\frac{R_2}{R_2+R_3}I'_1=0.06\text{A} \qquad I''_3=\frac{R_1}{R_1+R_3}I''_2=0.06\text{A}$$

④ 求出原电路的电流 I_1 和 I_2，即将各个简单电路中各相应的支路电流分量 I'_1、I'_2、I'_3 和 I''_1、I''_2、I''_3 进行叠加，即 $I_1=I'_1+I''_1=0.06\text{A}$，$I_2=I'_2+I''_2=0.06\text{A}$，$I_3=I'_3+I''_3=0.13\text{A}$，则 $U_3=I_3R_3=6.5\text{V}$。

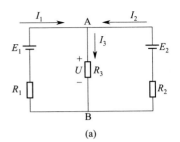 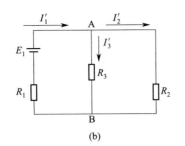 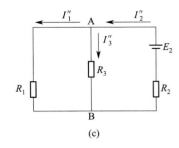

(a)   (b)   (c)

第 3 章 习题参考答案

3.1 单相正弦交流电

一、填空题

1. 不随时间 正弦规律 2. 最大值 角频率 初相位 3. 50 0.02 314 4. 有效值 5. $220\sqrt{2}\sin(100\pi t - 60°)$ 6. 有效值=1.11 平均值 有效值 7. 1A 50Hz 0.02s

二、选择题

1. B 2. B 3. B 4. C 5. C 6. A 7. C 8. C

三、判断题

1. × 2. √ 3. ×

四、问答题

1. 以一匝线圈为例，设线圈在磁场中以角速度 ω 逆时针匀速转动。当线圈平面垂直磁感线时，各边都不切割磁感应线，没有感应电动势，此平面为中性面。将磁极间的磁场看做匀强磁场，设磁感应强度为 B，磁场中线圈切割磁感线的一边长度为 L，平面从中性面开始转动，经过时间 t，线圈转过的角度为 ωt，这时，其单侧线圈切割磁感线的线速度 v 与磁感线的夹角也为 ωt，所产生的感应电动势为 $e' = BLV\sin(\omega t)$。所以整个线圈所产生的感应电动势为 $e = 2BLV\sin(\omega t)$。

2. 8A 的直流电流发热最大，因为 10A 的交流电流的有效值为 $10/\sqrt{2} = 7.07\text{A} < 8\text{A}$。

3. 不能。因为有效值为 1000V 的交流电的最大值为 $1000 \times \sqrt{2} = 1414.2\text{V} > 1000\text{V}$，会击穿。

4. （略）

5. 由题意可知：

$T = 0.2\text{s}$

$f = 1/T = 5\text{Hz}$

$\omega = 2\pi f = 2 \times 3.14 \times 5 = 31.4 \text{ (rad/s)}$

$\varphi_0 = 90°$，$I_m = 10\text{A}$

$I = I_m/\sqrt{2} = 10/\sqrt{2} = 7.07 \text{ (A)}$

所以 $i = 10\sin(31.4t + 90°) \text{ A}$

答：它的周期为 0.2s，频率为 5Hz，角频率为 31.4rad/s，初相为 90°，有效值为 7.07A，它的解析式为 $i = 10\sin(31.4t + 90°) \text{ A}$。

3.2 电阻、电感、电容元件电路

一、填空题

1. 纯电感电路 2. L 亨利 H

二、选择题

1. A 2. B 3. B 4. A 5. C 6. A 7. A 8. C 9. B

三、问答题

1. 答：① 电感性电路

当 $X_L > X_C$ 时，$U_L > U_C$，阻抗角 >0，电路呈电感性，电压超前电流角。

② 电容性电路

当 $X_L < X_C$ 时，则 $U_L < U_C$，阻抗角 <0，电路呈电容性，电压滞后电流角。

③ 电阻性电路

当 $X_L=X_C$ 时，则 $U_L=U_C$，阻抗角＝0，电路呈电阻性，且总阻抗最小，电压和电流同相。电感和电容的无功功率恰好相互补偿。电路的这种状态称为串联谐振。

2. 答：提高用电设备自身的功率因数。一般感性负载的用电设备，应尽量避免在轻载状态下运行，因为空载（或轻载）时功率因数比满载时的功率因数小得多。

3. 解：$X_L=\omega L$ $L=X_L/\omega=10/(2\pi\times50)=1/10\pi$（H）

频率升高至 500Hz 时 $X_L=2\pi fL=2\pi\times500\times1/10\pi=100$（Ω）

电压与电流的相位差为 90°。

答：当频率升高至 500Hz 时，其感抗是 100Ω，电压与电流的相位差是 90°。

4. 解：① 线圈的感抗：$X_L=\omega L=314\times48\times10^{-3}=15.072$（Ω）

② 线圈的阻抗：$Z=\sqrt{R^2+X_L^2}=\sqrt{20^2+15^2}=25$（Ω）

③ 电流的有效值：$I=U/X_L=220/25=8.8$（A）

④ 电流的瞬时值表达式：$\varphi=\arctan\dfrac{X_L}{R}=\arctan\dfrac{15}{20}=37°$

$i=8.8\sqrt{2}\sin(314t+53°)$ A

⑤ 线圈的有功功率、无功功率和视在功率：

$P=IU\cos\varphi=220\times8.8\times\cos37°=1546$（W）

$Q=IU\sin\varphi=220\times8.8\times\sin37°=1165$（var）

$S=UI=220\times8.8=1936$（V·A）

3.3 磁场与电场

一、填空题

1. 同名磁极相互排斥　异名磁极相互吸引　2. 左手定则　3. 电动机旋转　4. 右手螺旋定则（也称安培定则）

二、判断题

1. √ 2. × 3. × 4. √ 5. × 6. ×

三、选择题

1. B 2. B 3. C 4. D 5. B

四、问答题

1. （略）

2. 答：磁感应强度是衡量磁场的大小的量。而磁通是指一定面积中通过磁感线的条数，它是由磁感应强度与磁感应线垂直通过面积的乘积。

① 相同点：都与磁场强弱有关，若其他条件相同，磁感应强度强则磁通大，磁感应强度弱则磁通小。

② 不同点：磁通是通过某面积的磁感线的数量，用"Φ"表示，单位为 Wb；磁感应强度为与磁场方向垂直的单位面积上所通过的磁感线数目，又叫磁感线的密度，也叫磁通密度，用"B"表示，单位为 T（特斯拉）。

3. 相同点：磁场强度 H 和磁感应强度 B 为表征磁场性质（即磁场强弱和方向）的两个物理量。H 大则 B 也大。

不同点：不考虑介质特性，只考虑磁场产生原磁场性质（即电流的大小和方向，线圈的形状和匝数），用 H 表示，单位为 A/m。既考虑介质物理性质又考虑磁场产生原磁场性质（即电流大小和方向，线圈形状和匝数），用 B 表示，单位为 T（特斯拉）。

3.4 电磁感应

一、填空题

1. 线圈中感应电动势的大小与线圈中磁通的变化率成正比 2. 磁通的变化 感应电动势

二、判断题

1. √ 2. × 3. √

三、选择题

1. A 2. B 3. C 4. D

四、问答题

1. 答：将一条形磁铁放置在线圈中，当其静止时，检流计的指针不偏转，但将它迅速地插入或拔出时，检流计的指针都会发生偏转，这说明线圈中有电流。这种磁场产生电流的现象称为电磁感应现象，产生的电流称为感应电流，产生感应电流的电动势称为感应电动势。

2. 答：右手定则——平伸右手，伸直四指，并使拇指与四指垂直；让磁感线垂直穿过掌心，使拇指指向导体运动方向，四指所指方向就是感应电动势的方向。

3.5　自感与互感

一、填空题

1. 楞次定律　右手螺旋定则　2. 自感磁通　3. 涡流　4. 法拉第电磁感应定律

二、选择题

1. B　2. C

三、问答题

答：自感现象是一种特殊的电磁感应现象，它是由回路自身电流变化而引起的。当流过线圈的电流发生变化时，穿过线圈的磁通量也随之变化，从而产生了自感电动势。这种由于流过线圈自身的电流发生变化而引起的电磁感应现象称为自感现象，简称自感。

第4章 习题参考答案

4.1 三相正弦交流电路

一、填空题

1. 生产　传输　分配　使用　2. 正弦规律　3. 星形（亦称 Y 形）　三角形（亦称△形）　4. 连接在一点　负载相连

二、选择题

1. C　2. A　3. A　4. A　5. C　6. D　7. B　8. B

三、判断题

1. ×　2. √　3. ×　4. √　5. ×　6. ×　7. ×　8. ×

4.2 电能表

一、填空题

1. 电能计量装置　2. kW·h　kvar·h　3. 基本　括号内　基本电流　4. 电能表　5. 50　6. 断路　短路

二、判断题

1. √　2. √　3. √　4. ×　5. ×

三、选择题

1. D　2. A　3. A　4. B

四、问答题

1. 72.6元　264000r

2. 互感器在电能计量装置中的作用是：

① 扩大了电能表的量程。互感器把高电压转换成低电压、大电流转换成小电流后，再接入电能表，从而使得电能表的测量范围扩大。

② 减少了仪表的制造规格和生产成本。

③ 隔离高电压、大电流，保证了人员和仪表的安全。

3. 电能计量装置安装点的环境应符合下列要求：

① 周围环境应干净明亮，不易受损、受振，无磁场及烟灰影响；

② 无腐蚀性气体、易蒸发气体的侵蚀；

③ 运行安全可靠，抄表读数、校验、检查、轮换方便；

④ 电能表原则上装于室外的走廊、过道内及公共的楼梯间，或装于专用配电间内（二楼及以下），高层住宅一户一表，宜集中安装于公共楼梯间内；

⑤ 装表点的气温应不超过电能表标准规定的工作温度范围。

4.3　三相异步电动机控制线路

一、填空题

1. 过载　断相　常闭　2. 熔断器　3. 自锁　4. 三角形　星形　三角形　全压正常

二、判断题

1. ×　2. √　3. √　4. √

三、选择题

1. C　2. B

四、问答题

1. 不能。因为没有互锁保护，若同时按下正反向启动按钮，会造成电源短路。

2. （略）

3. 避免主电路中接触器主触点发生熔焊时切换方向造成电源短路，使电路更安全可靠。

4. 因为按钮没按彻底，常闭触点断开，而常开触点还没来得及闭合，造成切断原来方向电路，而无法接通反向电路。

5. 不能，因为频繁操作该两按钮，会造成电动机频繁启动停机，频繁受启动电流冲击，严重发热。

第 5 章 习题参考答案

5.1 半导体基本知识

一、判断题

1. ×   2. √   3. √

二、填空题

1. 导体   2. 绝缘体   3. 半导体   4. 电子 空穴   5. 掺杂性 敏感性   6. 正 负

三、选择题

1. A   2. B   3. B

5.2 晶体二极管

一、判断题

1. ×   2. √   3. √   4. ×

二、填空题

1. 锗 硅

2. 单向导电性

3. 正　负

三、选择题

1. C　2. B　3. A　4. C　5. C

四、分析题

1. 答：

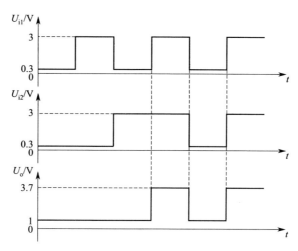

2. 答：$u_{o1}=1.3\text{V}$　$u_{o1}=0\text{V}$　$u_{o1}=-1.3\text{V}$

5.3　三极管

一、判断题

1. ×　2. √　3. √　4. √

二、填空题

1. 截止状态　放大状态　饱和状态　2. 温度因素　3. 共发射极　共集电极　共基极

三、选择题

1. B　2. C　3. B

四、问答题

1. 将两只二极管反向串联起来不能作为三极管使用。因为两个反向串联的二极管不具备发射区掺杂浓度大、基区薄、集电结面积大的结构特点。

2. 集电极 c，基极 b，发射极 e；发射极 e 电流最大，基极 b 电流最小。

3. 1 脚为 b，2 脚为 e，3 脚为 c，该管为 PNP 型管，管材料为硅。

5.4　场效应管

一、判断题

1. √　2. √　3. √

二、填空题

1. 漏极　源极　栅极　2. 恒流　3. 电压

第6章 习题参考答案

6.1 放大电路概述

一、判断题

1. × 2. √ 3. × 4. √ 5. ×

6.2 共发射极放大电路

一、判断题

1. √ 2. × 3. × 4. × 5. √

二、填空题

1. 纯直流 纯交流 交流 交直流叠加 2. 无交流信号 3. 交流信号输入时 4. 输出 输入 5. 大

三、选择题

1. A 2. A 3. B 4. A 5. B

四、分析题

1. 解：图（a）不能。V_{BB} 将输入信号短路。

图（b）可以。

图（c）不能。输入信号与基极偏置是并联关系而非串联关系。

图（d）不能。晶体管基极回路因无限流电阻而烧毁。

图（e）不能。输入信号被电容 C_2 短路。

图（f）不能。输出始终为零。

2. 解：

① $I_C = \dfrac{V_{CC} - U_{CE}}{R_c} = 2\text{mA}$，$I_B = I_C/\beta = 20\mu\text{A}$，

$\therefore R_b = \dfrac{V_{CC} - U_{BE}}{I_B} = 565\text{k}\Omega$。

② 由 $\dot{A}_u = -\dfrac{U_o}{U_i} = -\dfrac{\beta(R_c // R_L)}{r_{be}} = -100$，

可得

$R_L = 2.625\text{k}\Omega$。

6.3 静态工作点稳定的放大电路

一、判断题

1. ×　2. ×　3. ×　4. ×　5. ×

二、填空题

1. 180°　0°　2. 饱和　截止　3. 提供交流通路　4. 增加　增加　减少　5. 共发射极　共基极　共集电极　共发射极　共集电极　共基极

三、选择题

1. C　2. B　3. A　4. B　5. C

四、计算题

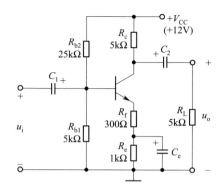

解：① 静态分析：

$$U_{BQ} = \frac{R_{b1}}{R_{b1}+R_{b2}} \cdot V_{CC} = 2\text{V}$$

$$I_{EQ} = \frac{U_{BQ}-U_{BEQ}}{R_f+R_e} = 1\text{mA}$$

$$I_{BQ} = \frac{I_{EQ}}{1+\beta} = 10\mu\text{A}$$

$$U_{CEQ} = V_{CC} - I_{EQ}(R_c+R_f+R_e) = 5.7\text{V}$$

动态分析：$r_{be} = r_{bb'} + (1+\beta)\dfrac{26\text{mV}}{I_{EQ}} \approx 2.73\text{k}\Omega$

$$\dot{A}_u = -\frac{\beta(R_c//R_L)}{r_{be}+(1+\beta)R_f} = -7.7$$

$R_i = R_{b1}//R_{b2}//[r_{be}+(1+\beta)R_f] \approx 3.7\text{k}\Omega$

$R_o = R_c = 5\text{k}\Omega$。

② $\beta = 200$ 时，$U_{BQ} = \dfrac{R_{b1}}{R_{b1}+R_{b2}} \cdot V_{CC} = 2\text{V}$（不变）；

$I_{EQ} = \dfrac{U_{BQ}-U_{BEQ}}{R_f+R_e} = 1\text{mA}$（不变）； $I_{BQ} = \dfrac{I_{EQ}}{1+\beta} = 5\mu\text{A}$（减小）；

$U_{CEQ} = V_{CC} - I_{EQ}(R_c+R_f+R_e) = 5.7\text{V}$（不变）。

③ C_e 开路时，$\dot{A}_u = -\dfrac{\beta(R_c//R_L)}{r_{be}+(1+\beta)(R_e+R_f)} \approx -\dfrac{R_c//R_L}{R_e+R_f} = -1.92$（减小）；

$R_i = R_{b1}//R_{b2}//[r_{be}+(1+\beta)(R_e+R_f)] \approx 4.1\text{k}\Omega$（增大）；

$R_o = R_c = 5\text{k}\Omega$（不变）。

6.4 多级放大器

一、判断题

1. × 2. √ 3. × 4. √ 5. ×

二、填空题

1. 直接耦合 阻容耦合 变压器耦合 直接耦合 2. 负载 信号源 3. 10000 4. 耦合 5. 静态工作点相互影响 零点漂移

三、选择题

1. A 2. A 3. C 4. C 5. B

四、计算题

解：

$$I_{EQ1} = \frac{\frac{R_{b21}E_C}{R_{b11}+R_{b21}} - 0.7}{R_{e1}} = \frac{\frac{39 \times 12}{100+39} - 0.7}{3.9} = 0.684 \text{（mA）} \quad r_{be1} = r_{bb'} + (1+\beta)\frac{26\text{mV}}{I_{EQ1}} \approx 2.24\text{k}\Omega$$

同理可得：

$$I_{EQ2} = \frac{\frac{R_{b22}E_C}{R_{b12}+R_{b22}} - 0.7}{R_{e2}} = \frac{\frac{24 \times 12}{24+39} - 0.7}{2.2} = 1.76 \text{（mA）}$$

$$r_{be2} = r_{bb'} + (1+\beta)\frac{26\text{mV}}{I_{EQ2}} \approx 1.05\text{k}\Omega$$

$$\dot{A}_u = \frac{\dot{U}_o}{\dot{U}_i} = \frac{-\beta \dot{I}_{b2}(R_{c2}//R_L)}{\dot{I}_{b1}r_{be1}}$$

又有：$\dot{I}_{b2} = \frac{-\beta \dot{I}_{b1}(R_{c1}//R_{b12}//R_{b22})}{(R_{c1}//R_{b12}//R_{b22}) + r_{be2}}$

故：$\dot{A}_u = \dfrac{-\beta(R_{c1}//R_{b12}//R_{b22})}{(R_{c1}//R_{b12}//R_{b22})+r_{be2}} \times \dfrac{-\beta(R_{c2}//R_L)}{r_{be1}} \approx 1344$

$r_i = R_{b11}//R_{b21}//r_{be1} \approx 2.07\text{k}\Omega$

$r_o = R_{c2} = 3\text{k}\Omega$

6.5 反馈放大电路

一、判断题

1. √ 2. × 3. √ 4. × 5. ×

二、填空题

1. 电压 电流 2. 负 正 3. 负 4. 反馈的取样方式 5. 负

三、选择题

1. A 2. A 3. B 4. A 5. D

四、分析题

解：电路中通过 R_3 和 R_7 引入直流负反馈，通过 R_4 引入交、直流负反馈。

6.6 功率放大器

一、判断题

1. √ 2. × 3. √ 4. × 5. ×

二、填空题

1. 甲类 2. 2W 3. 效率高 建立一个合适的直流偏置 4. 78.5% 5. $V_{CC}/2$

三、选择题

1. C 2. D 3. ①C ②A ③C ④A ⑤C

四、计算题

解：① 由 $P_{omax} = \dfrac{U_c^2}{8R_L}$ 可知 U_c 至少应为 28V。

②

$I_{CM} \geqslant \dfrac{V_{CC} - U_{cem}}{R_L} = 3.375\text{A}$，取 4A。

$U_{(BR)CEO} > U_C = 28\text{V}$。

第 7 章　习题参考答案

7.1 RC 正弦波振荡器

一、选择题

1. C　2. C

二、问答题

1. 答：振荡电路的平衡条件包括幅度平衡条件和相位平衡条件。在振荡电路开始工作时，满足 $AF>1$，则通过振荡电路的放大与选频作用，就能将与选频网络频率相同的正弦信号放大并反馈到放大电路的输入端，建立起振荡使输出信号从小变大，直至 $AF=1$ 时，振荡幅度稳定下来。

2. 答：放大电路需要加输入信号才能有输出信号；而振荡电路则不需要外加信号，由电路本身自激而产生输出信号。

7.2 LC 正弦波振荡器

一、选择题

1. C　2. A　3. B

二、问答题

答：(a) $\varphi_A+\varphi_F=180°$，不能　　(b) $\varphi_A+\varphi_F=0$，能。

7.3 石英晶体正弦波振荡器

一、选择题

1. B   2. C   3. C B A

二、问答题

答：串联型石英晶体振荡电路，若发生谐振，石英晶体呈现出纯阻性，作用如电阻；并联型石英晶体振荡电路，若发生谐振，石英晶体呈现出纯感性，作用如电感。

第8章 习题参考答案

8.1 集成运算放大器的组成和特点

一、判断题

1. √   2. ×

二、填空题

1. 输入级　中间级　输出级　偏置电路

2. 开环差模电压放大倍数无穷大　差模输入电阻无穷大　开环输出电阻趋于 0　共模抑制比 CMRR 无穷大　没有失调现象，即当输入信号为零时，输出信号也为零

三、选择题

1. C   2. B   3. C

四、问答题

集成运放应用电路的基本步骤是：

① 判断集成运放的工作区域。若集成运放引入负反馈，则集成运放工作于线性区；若集成运放是开环或引入正反馈，则集成运放工作于非线性区。

② 根据理想运放不同工作区的相应特点，进一步对电路进行分析。

8.2 集成运算放大器基本电路

一、判断题

1. √ 2. √ 3. × 4. × 5. √ 6. √ 7. √ 8. × 9. √ 10. × 11. √ 12. ×

二、填空题

1. 带阻 2. 带通 3. 低通 4. 有源

5. ①反相　同相　②同相　反相　③同相　反相　④同相　反相

6. ①同相比例　②反相比例　③微分　④同相求和　⑤反相求和

三、选择题

1. A 2. A 3. C E A C D

四、问答题

1. 集成运放工作于线性区时，就是处于闭环状态下，这时候运放的输出电压与输入信号电压之间存在某种特定的线性（函数）关系。

集成运放工作于非线性区时，就是处于开环状态下，这时候运放的输出电压会接近工作电源的正电压或负电压，与输入信号电压没有线性关系。

2. ① 虚短：集成运放的线性应用中，可近似地认为 $u_N - u_p = 0$，$u_N = u_p$ 时，即反相与同相输入端之间相当于短路，故称虚假短路，简称"虚短"。

② 虚断：当两个输入端的输入电流为零，即 $i_N - i_p = 0$ 时，可认为反相与同相输入端之间相当于断路，称为虚假断路，简称"虚断"。

③ 虚地：在反相输入时，由于同相输入端（经电阻）接地，根据"虚短"概念，反相输入端电位也为零，可认为反相输入端 N 虚假接地，所以称反相输入端为"虚地"。

凡是信号从反相输入端输入的，在线性应用时都可以用"虚地"的概念进行分析。

五、计算题

1. 解：反相比例运算放大电路

$$\frac{u_o}{u_i} = -\frac{R_f}{R_1}$$

所以 $R_f = -R_1 \frac{u_o}{u_i} = -5.1 \times (-3)/0.2 = 76.5(\text{k}\Omega)$

2. 解：同相比例运算放大电路

$R_1 = 1\text{M}\Omega$

3. 解：因为 $u_o = -\left(\frac{R_f}{R_1}u_{i1} + \frac{R_f}{R_2}u_{i2} + \frac{R_f}{R_3}u_{i3}\right)$

所以 $u_o = 2\text{V}$

4. 解：$u_{o1} = (-R_f/R)u_i = -10u_i$，$u_{o2} = (1+R_f/R)u_i = 11u_i$。当集成运放工作到非线性区时，输出电压不是+14V，就是-14V。

u_i/V	0.1	0.5	1.0	1.5
u_{o1}/V	-1	-5	-10	-14
u_{o2}/V	1.1	5.5	11	14

5. 解：由图可知 $R_i = 50\text{k}\Omega$，

$u_M = -2u_i$，$i_{R2} = i_{R4} + i_{R3}$，即 $-\frac{u_M}{R_2} = \frac{u_M}{R_4} + \frac{u_M - u_o}{R_3}$，输出电压 $u_o = 52u_M = -104u_i$

6. 解：① $u_o = -\frac{R_3}{R_1} = -2u_i = -4\text{V}$　② $u_o = -\frac{R_2}{R_1} = -2u_i = -4\text{V}$

③ 电路无反馈，$u_o = -14\text{V}$　④ $u_o = -\frac{R_2 + R_3}{R_1} = -4u_i = -8\text{V}$

7. 解：$I_L = \frac{u_P}{R_2} = \frac{U_Z}{R_2} = 0.6\text{mA}$

8. 解：在图示各电路中，集成运放的同相输入端和反相输入端所接总电阻均相等。各电路的运算关系式分析如下：

（a） $u_o = -\dfrac{R_f}{R_1}u_{i1} - \dfrac{R_f}{R_2}u_{i2} + \dfrac{R_f}{R_3}u_{i3} = -2u_{i1} - 2u_{i2} + 5u_{i3}$

（b） $u_o = -\dfrac{R_f}{R_1}u_{i1} + \dfrac{R_f}{R_2}u_{i2} + \dfrac{R_f}{R_3}u_{i3} = -10u_{i1} + 10u_{i2} + u_{i3}$

（c） $u_o = \dfrac{R_f}{R_1}(u_{i2} - u_{i1}) = 8(u_{i2} - u_{i1})$

（d） $u_o = -\dfrac{R_f}{R_1}u_{i1} - \dfrac{R_f}{R_2}u_{i2} + \dfrac{R_f}{R_3}u_{i3} + \dfrac{R_f}{R_4}u_{i4} = -20u_{i1} - 20u_{i2} + 40u_{i3} + u_{i4}$

9. 解：① A_2 同相输入端电位：$u_{P2} = u_{N2} = \dfrac{R_f}{R}(u_{i2} - u_{i1}) = 10(u_{i2} - u_{i1})$

输出电压 $u_o = (1 + \dfrac{R_2}{R_1})u_{P2} = 10(1 + \dfrac{R_2}{R_1})(u_{i2} - u_{i1})$ 或 $u_o = 10 \times \dfrac{R_W}{R_1}(u_{i2} - u_{i1})$

② 将 $u_{i1} = 10\text{mV}$，$u_{i2} = 20\text{mV}$ 代入上式，得 $u_o = 100\text{mV}$。

③ 根据题目所给参数，$(u_{i2} - u_{i1})$ 的最大值为 20mV。若 R_1 为最小值，则为保证集成运放工作在线性区，$(u_{i2} - u_{i1}) = 20\text{mV}$ 时集成运放的输出电压应为 +14V，写成表达式为

$$u_o = 10 \times \dfrac{R_W}{R_{1\min}} \times (u_{i2} - u_{i1}) = 10 \times \dfrac{10}{R_{1\min}} \times 20 = 14 \text{ (mV)}$$

故　$R_{1\min} \approx 143\Omega$　$R_{2\max} = R_W - R_{1\min} \approx (10 - 0.143)\text{k}\Omega \approx 9.86\text{ k}\Omega$

10. 解：图（a）为反相求和运算电路；图（b）的 A_1 组成同相比例运算电路，A_2 组成加减运算电路；图（c）的 A_1、A_2、A_3 均组成电压跟随器电路，A_4 组成反相求和运算电路。

（a）设 R_3、R_4、R_5 的节点为 M，则

$$u_M = -R_3\left(\dfrac{u_{i1}}{R_1} + \dfrac{u_{i2}}{R_2}\right) \qquad i_{R4} = i_{R3} - i_{R5} = \dfrac{u_{i1}}{R_1} + \dfrac{u_{i2}}{R_2} - \dfrac{u_M}{R_5}$$

$$u_o = u_M - i_{R4}R_4 = -(R_3+R_4+\frac{R_3R_4}{R_5})(\frac{u_{i1}}{R_1}+\frac{u_{i2}}{R_2})$$

(b) 先求解 u_{o1}，再求解 u_o。$u_{o1}=(1+\frac{R_3}{R_1})u_{i1}$

$$u_o = -\frac{R_5}{R_4}u_{o1}+(1+\frac{R_5}{R_4})u_{i2} = -\frac{R_5}{R_4}(1+\frac{R_3}{R_1})u_{i1}+(1+\frac{R_5}{R_4})u_{i2} = (1+\frac{R_5}{R_4})(u_{i2}-u_{i1})$$

(c) A_1、A_2、A_3 的输入电压分别为 u_{i1}、u_{i2}、u_{i3}。由于在 A_4 组成的反相求和运算电路中反相输入端和同相输入端外接电阻阻值相等，所以

$$u_o = \frac{R_4}{R_1}(u_{i1}+u_{i2}+u_{i3}) = 10(u_{i1}+u_{i2}+u_{i3})$$

11. 解：输出电压的表达式为 $u_o = -\frac{1}{RC}\int_{t_1}^{t_2}u_i\mathrm{d}t + u_o(t_1)$

当 u_i 为常量时

$u_o = -\frac{1}{RC}u_i(t_2-t_1)+u_o(t_1) = -\frac{1}{10^5\times10^{-7}}u_i(t_2-t_1)+u_o(t_1) = -100u_i(t_2-t_1)+u_o(t_1)$

当 $t=0$ 时，$u_o=0$；当 $t=5\text{ms}$ 时，$u_o = -100\times5\times5\times10^{-3}\text{V} = -2.5\text{V}$。

当 $t=15\text{ms}$ 时，$u_o = [-100\times(-5)\times10\times10^{-3}+(-2.5)]\text{V} = 2.5\text{V}$。

因此输出波形如下图所示。

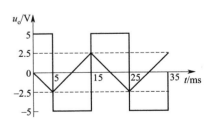

12. 解：利用节点电流法，可解出各电路的运算关系分别为：

(a) $u_o = -\frac{R_2}{R_1}u_i - \frac{1}{R_1C}\int u_i\mathrm{d}t = -u_i - 100\int u_i\mathrm{d}t$

(b) $u_o = -RC_1\frac{\mathrm{d}u_i}{\mathrm{d}t} - \frac{C_1}{C_2}u_i = -10^{-3}\frac{\mathrm{d}u_i}{\mathrm{d}t} - 2u_i$

(c) $u_o = \frac{1}{RC}\int u_i\mathrm{d}t = 10^3\int u_i\mathrm{d}t$

(d) $u_o = -\dfrac{1}{C}\int(\dfrac{u_{i1}}{R_1}+\dfrac{u_{i2}}{R_2})dt = -100\int(u_{i1}+0.5u_{i2})dt$

13. 解：①$U_A=7V$，$U_B=4V$，$U_C=1V$，$U_D=-2V$，$u_o=2U_D=-4V$。

②因为 $u_o=2U_D-u_{o3}$，$2U_D=-4V$，所以 $u_{o3}=-4V$ 时，u_o 才为零，即

$u_{o3}=-\dfrac{1}{R_1C}\cdot U_A\cdot t=-\dfrac{1}{50\times10^3\times10^{-6}}\times7\times t=-4(V)$，$t\approx28.6ms$

第 9 章 习题参考答案

9.1 直流稳压电源的组成

9.1.1 半波整流

一、填空题

1. 电源变压器　整流电路　滤波电路　稳压电路
2. 220　50　3. 脉动　4. 滤波
5. 单相导电性　二极管　正弦交流电　脉动直流电　6. 电容　电感

二、问答题

滤波电路的作用是尽可能地将整流电路输出的单向脉动直流电压中的脉动成分滤掉,使输出电压成为比较平滑的直流电压。

9.1.2 桥式整流

一、填空题

1. 导通　截止　单向导电　2. 将正弦交流电整流成脉动直流电　二极管　3. 单相半波　单相桥式　4. 电源短路　成为半波整流

二、问答题

1. 利用二极管的导电性实现整流。

2. 开关 S 断开，$u_o = 0.45 u_2 = 0.45 \times 100 = 45(\text{V})$，$i_o = \dfrac{u_o}{R_L} = \dfrac{45}{1} = 45(\text{mA})$

开关 S 闭合，$u_o = 0.9 u_2 = 0.9 \times 100 = 90(\text{V})$，$i_o = \dfrac{u_o}{R_L} = \dfrac{90}{1} = 90(\text{mA})$

9.1.3　RC 充放电电路

1. 时间常数　RC　s　电容器的充电速率　大　小　2. 指数　指数　3. τ
4. （3～5）τ

9.1.4　滤波电路

一、选择题

1. A　2. A　3. B

二、填空题

1. 电容滤波　电感滤波　电感电容滤波　π形滤波　2. 增大　3. 好　趋于平滑　高
4. 负载电阻　输出电流　5. 阻抗大　阻抗小　6. 较低　波动小　很小　较大
7. 降压　限流　较小　很小

三、问答题

1. 把电容接在负载并联支路，把电感或电阻接在串联支路，可以组成复式滤波器，达到更佳的滤波效果，这种电路的形状很像字母 π，所以又叫 π 形滤波器。

2. 根据负载电阻和输出电流的大小选择最佳容量。

9.1.5　稳压电路

一、选择题

1. C　2. A　3. C　4. D　5. A

二、填空题

1. 反向击穿 2. 反向电流 反向电压 耗散功率 3. 低于 越大 增加

三、问答题

1. $U_o \uparrow \rightarrow I_z \uparrow \rightarrow I_R \uparrow \rightarrow U_R \uparrow \rightarrow U_o \uparrow$

2. （1）当 $U_i = 10V$ 时，若 $U_o = U_z = 6V$，则稳压管的电流小于其最小稳定电流，所以稳压管未击穿，故：$U_o = \dfrac{R_L}{R + R_L} \cdot U_i = 3.33V$。

当 $U_i = 15V$ 时，若 $U_o = U_z = 6V$，则稳压管的电流小于其最小稳定电流，所以稳压管未击穿，故：$U_o = \dfrac{R_L}{R + R_L} \cdot U_i = 5V$。

当 $U_i = 35V$ 时，稳压管中的电流大于最小稳定电流 I_{min}，所以 $U_o = U_z = 6V$。

（2）$I_{DZ} = \dfrac{U_i - U_z}{R} = 29mA$，因为 $29mA > I_{max}$，所以稳压管将因功耗过大而损坏。

9.2 串联型直流稳压电源

一、选择题

1. B 2. D 3. C 4. B 5. D 6. C

二、填空题

1. 整流电路 2. 电源变压器 整流电路 滤波电路 稳压电路 3. 取样电路 比较放大电路 基准电压电路 调整放大电路 4. 负 5. 输出电压 负载 6. 特性 质量 7. 输出电压 温度变化量 8. 小 强

三、问答题

1. ①电源变压器：将电网较高的交流电压变换为合适的交流电压。

②整流电路：将正负交替变化的正弦交流电压整流成为单方向变化的脉动直流电压。

③滤波电路：尽可能地将整流电路输出的单向脉动直流电压中的脉动成分滤掉，使输出电压成为比较平滑的直流电压。

④稳压电路：采取某些措施，使输出的直流电压在电网电压或负载电流发生变化时保持稳定。

2. $U_o \uparrow \to U_{BE2} \uparrow \to U_{B1} \downarrow \to U_{BE1} \downarrow \to U_{CE1} \downarrow \to U_o \downarrow$

3. ①这是一个完整的整流、滤波、稳压电路。其中的串联式稳压电路包含调整环节、基准环节、取样环节、放大环节四部分。它们分别由下列元器件构成：

调整环节由三极管 VT_1 构成；

基准环节由电阻 R 和稳压管组成；

取样环节由电阻 R_1、R_2 和电位器 R_P 组成；

放大环节由三极管 VT_2 和电阻 R_{C2} 组成。

② 当 R_P 的滑动端在最下端时，有：

$$\frac{R_2}{R_1+R_P+R_2}U_o = U_z + U_{BE2}$$

因此可得：

$$R_P = \frac{U_o R_2}{U_z + U_{BE2}} - R_1 - R_2 = \frac{15 \times 200}{5.3+0.7} - 200 - 200 = 100(\Omega)$$

③ 若 R_P 的滑动端移至最上端时，可得：

$$U_o = (U_z + U_{BE2})\frac{R_1+R_P+R_2}{R_P+R_2} = (5.3+0.7)\frac{200+100+200}{200+100} = 10(V)$$

9.3 集成稳压器

一、选择题

1. D 2. A 3. B

二、填空题

1. 不变 2. 输入端 输出端 调整端 3. 减小纹波系数 4. 限流 过热 过压

5．启动电路　保护电路

三、问答题

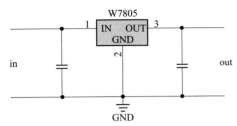

第 10 章　习题参考答案

10.1　数字信号与数字电路

一、填空题

1. 连续　跳跃式　不连续　数字信号
2. 模拟电路　数字电路
3. 系统稳定性好　控制功能强　电路简单　储存　传送

二、问答题

答：数字信号是指无论从时间上还是从大小上来看都是离散的，或者说都是不连续的；用以传递、加工或处理数字信号的电子电路叫数字电路。

10.2　逻辑代数基础

一、选择题

1. C　2. C

二、问答题

1. 答：数制也称计数制，是用一组固定的符号和统一的规则来表示数值的方法。常采用的数制有十进制、二进制、八进制和十六进制。

2. 答：一个逻辑电路的功能是确定的，但它所对应的函数表达式可以有多种，逻辑函数式化简的目的是消去函数中多余的项目，使函数式变得更加简单，以便于电路的设计和分析。

3. 10110　16　00100010；111001　39　01010111；1011111　5F　10010101；1111011　7B　000100100011

4. 221　DD；217 D9；205 CD；157 9D

5. $Y = AB + \overline{A}C$

$Y = ABCD + \overline{AB}EF$

$Y = (ABC + A\overline{BC}) + (ABD + AB) + (B\overline{C} + C) = A(BC + \overline{BC}) + AB(1+D) + (B+C) = A + AB + B + C = A + B + C$

10.3　基本门电路

一、填空题

1. 逻辑电路　逻辑代数　2. 与逻辑　或逻辑　非逻辑　3. 0　1

二、问答题

1. ①与门 $Y = A \cdot B$，有 0 出 0，全 1 出 1；②或门 $Y = A + B$，有 1 出 1，全 0 出 0；③非门 $Y = \overline{A}$，见 1 出 0，见 0 出 1。

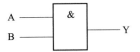　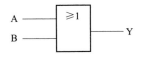　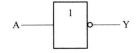

2. ①与非门 $Y = \overline{A \cdot B}$，输入全为 1 时，输出为 0，输入有 0 时，输出才为 1；

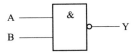

② 或非门 $Y = \overline{A + B}$，输入中有 1 输出为 0，输入全零，输出为 1。

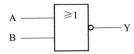

10.4 CMOS 门电路

一、填空题

1. 互补对称 MOS 电路　PMOS　NMOS　2. 非门

二、问答题

1. 答：CMOS 电路是互补对称 MOS 电路的简称，其电路结构都采用增加型 PMOS 管和增加型 NMOS 管，并按互补对称形式连接而成。CMOS 集成电路具有功耗低、工作电流电压范围宽、抗干扰能力强、输入阻抗高、输出系数大、集成度高、成本低等一系列优点。

2. 答：CMOS 传输门也是 CMOS 集成电路的基本单元，其对所要传送的信号电平起允许通过或者禁止通过的作用。

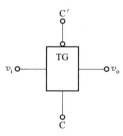

10.5 TTL 门电路

一、填空题

1. 三极管-三极管　2. 集电极开路与非门　线与

二、问答题

1. 答：当逻辑门电路的输入级和输出级都采用三极管时，则将这种逻辑门电路称为 TTL 逻辑门电路。TTL 逻辑门电路具有结构简单、稳定可靠、工作速度范围很宽等优点。

2.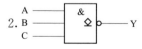

10.6 门电路的其他问题

一、填空题

1. 电源　低电平或接地
2. 不改变逻辑门电路原来的逻辑功能

二、问答题

答：为了不改变逻辑门电路原来的逻辑功能，一般将与非门多余输入引脚接电源（或通过一个 $10\text{k}\Omega$ 的电阻接电源）。

10.7 组合逻辑电路的分析与设计

一、问答题

1. 答：组合逻辑电路的设计过程如下。

① 分析实际情况是否能用逻辑变量来表示，即对逻辑变量所表示的事物进行判别，看是否符合二值性，比如行和不行、高和低、赞成和反对等。

② 确定输入变量和输出变量，定义逻辑状态的含义。

③ 根据实际情况，列出输入变量不同情况下的逻辑真值表。

④ 根据逻辑真值表写出逻辑表达式并化简，有时还需要根据特定的逻辑门电路进行相应的逻辑变换。

⑤ 按简化的逻辑表达式绘制逻辑电路图。

⑥ 根据逻辑电路图焊接电路，通过装配、调试电路进一步验证电路的功能实现情况。

2. 答：组合逻辑电路的设计过程如下。

① 分析实际情况是否能用逻辑变量来表示。

② 确定输入变量和输出变量，定义逻辑状态的含义。

③ 根据实际情况,列出输入变量不同情况下的逻辑真值表。

④ 根据逻辑真值表写出逻辑表达式并化简,有时还需要根据特定的逻辑门电路进行相应的逻辑变换。

⑤ 按简化的逻辑表达式绘制逻辑电路图。

二、分析题

答:①列出逻辑表达式:$Y = AB + BC + AC$

②根据表达式写出真值表:

输入端			输出端
A	B	C	Y
0	0	0	0
0	0	1	0
0	1	0	0
0	1	1	1
1	0	0	0
1	0	1	1
1	1	0	1
1	1	1	1

③ 根据真值表可以看出,当输入变量中有两个或以上取值为1时,输出为1,则该电路具有三人表决电路的功能。

10.8 加法器

一、填空题

1. 半加运算 2. 加数 被加数 进位

二、问答题

1. 答:

逻辑表达式:$\begin{cases} S = \overline{A}B + A\overline{B} = A \oplus B \\ CO = AB \end{cases}$

2. 答:逻辑表达式:$S = \overline{\overline{(A \oplus B) \, CI} + \overline{AB}}$

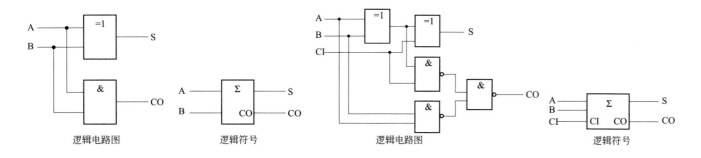

逻辑电路图　　　　逻辑符号　　　　　　逻辑电路图　　　　　　　逻辑符号

10.9　编码器

一、填空题

1. 普通编码器　　优先编码器

2. 译码

二、问答题

答：按照预先的约定，用文字、数码、图形等字符或图片表示特定对象的过程统称为编码。在数字系统电路中，常常需要将某一信息（如十进制数中的 0～9、字母和符号等）变换为特定的二值代码以便系统识别。把二进制码按一定的规律编排，使每组代码具有一特定含义称为编码，能够实现编码的电路称为编码器电路。

10.10　译码器

一、填空题

1. 译码　　译码　　译码器

2. 3-8 线译码器　　4-10 线译码器　　4-16 线译码器　　BCD 七段显示译码器

3. 2

二、问答题

答：译码是编码的逆过程，相当于对编码内容的"翻译"，在数字电路中使用较多的是将二进制代码译为十进制数，即利用译码电路将输入的二进制数译为相应的十进制数输出。在数字电路中，能够将二进制代码译为十进制数，即将输入的二进制数译为相应的十进制数输出的电路，称为译码器。

10.11 数据选择器

一、填空题

1. 若干输入数据　2. 多路选择器或多路开关电路

二、问答题

答：数据选择器是指电路可在选择控制信号作用下，将多个输入数据中的一个传送到输出端，具有选择传送输入数据到输出的逻辑功能。

10.12 数值比较器

一、填空题

1. 两个位数相同　二进制数　2. A＞B　A＜B　A＝B

二、问答题

答：逻辑电路图

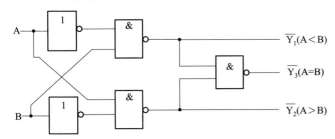

以此电路为基础可构成多位数值比较器，即在比较两个多位数的大小时，其工作原理是自高向低逐位比较，只有在高位相等时，才需要比较低位。

第 11 章　习题参考答案

11.1　RS 触发器

一、判断题

√

二、填空题

1. 0　0　2. RS＝0

三、选择题

B

四、问答题

1. 答：① 有记忆功能，当两输入端都为高电平时，维持原来输出状态；

② 两输入端状态相反时，输出与 $\overline{S}$ 相反；

③ 应避免两输入端都为低电平。

2. 答：在一个输入端抖动时，另外一输入端能可靠地维持高电平，因为 RS 触发器的记忆功能，能维持输出电平，不会发生抖动。

11.2 JK 触发器

一、判断题

1. ×

二、选择题

1. C 2. A 3. A 4. D

三、分析题

1. 答：见下图：

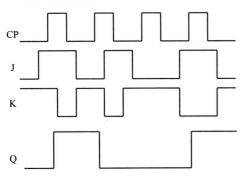

2. 答：见下图：

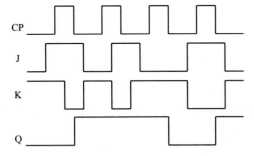

11.3 T触发器和D触发器

一、判断题

1. × 2. ×

二、选择题

1. C 2. A 3. C 4. D

三、分析题

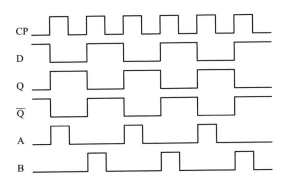

11.4 寄存器

一、判断题

1. √ 2. ×

二、问答题

答：74HC595 是一款常用的高速 8 位串行移位寄存器（最高时钟频率 108MHz），基于 CMOS 工艺，电压 2～6V，带有存储寄存器和三态输出。移位寄存器和存储寄存器分别采用单独的时钟。

在 SH_CP 的上升沿，数据发生移位，而在 ST_CP 的上升沿，数据从每个寄存器中传送到存储寄存器。如果两个时钟信号被绑定到一起，则移位寄存器将会一直领先存储寄存器一个时钟脉冲。

移位寄存器带有一个串行输入端和一个串行标准输出端，用于级联。74HC595 还为移位寄存器的 8 个阶提供了异步的复位（低电平有效）。存储寄存器带有 8 个三态总线驱动输出，当输出使能（OE）端为低电平时，存储寄存器中的数据可被正常输出，输出使能端为高电平时，输出端为高阻态。

11.5　同步时序逻辑电路的分析方法

一、判断题

1. √　2. ×　3. √

二、分析题

1.

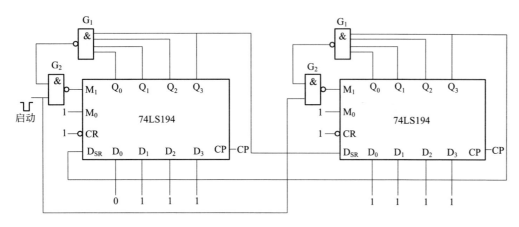

2. 五进制

11.6 计 数 器

一、判断题

1. √   2. ×

二、填空题

1. 加计数器 减计数器 可逆 2. 同步计数器 异步 3. 五

三、选择题

A

四、分析题

(a) 十三进制 (b) 四十一进制

11.7 555 定时器

一、判断题

√

二、填空题

电阻 电容

三、分析题

1. $t_{WH} = 0.7(R_1 + R_2)C = 7 \times 10^{-4}$ s

   $t_{WL} = 0.7 R_2 C = 5.6 \times 10^{-4}$ s

   $T = 1.26$ ms

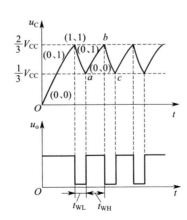

2. 有光照时光敏电阻阻值小，R_1 和 R_P 电阻分压大，电容一旦充电达到高电压（8V），无处放电，输出即保持低电平，当无光照时，R_1 和 R_P 电阻分压减小，电容放电低于 4V，555 定时器输出高电平，继电器得电，灯亮。R_P 整定灯亮的日照条件。

3. ① 该电路为施密特触发器。

② $\Delta V_T = 1/3 V_{CC}$。

③

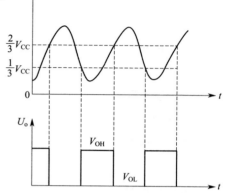

4. ① 多谐振荡器。

② $T = t_{PH} + t_{PL} = R_1 C \ln 2 + R_2 C \ln 2 = 20 \text{k}\Omega \times 0.01 \mu\text{F} \times 0.7 = 0.14 \text{ms}$

$q = \dfrac{t_{PH}}{t_{PH} + t_{PL}} = \dfrac{R_1}{R_1 + R_2} = \dfrac{1}{2} = 50\%$

③

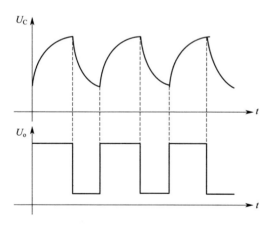

④ 若在 5 脚接固定电压 3V，V_o 的周期及占空比变化，周期变小，占空比变小。

5. 该电路是一个单稳态触发器。

$t_w = RC \ln 3 = 1.1 \times 15 \text{k}\Omega \times 10 \mu\text{F} = 165 \text{ms}$

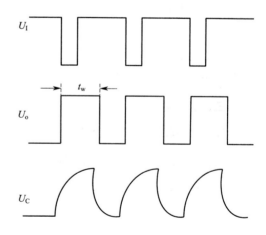

6.

① 多谐振荡器。

② $T=t_{PH}+t_{PL}=R_1C\ln2+R_2C\ln2=30\mathrm{k}\Omega\times0.1\mu\mathrm{F}\times0.7=2.1\mathrm{ms}$

③
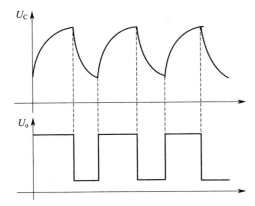

④ $q=\dfrac{t_{PH}}{t_{PH}+t_{PL}}=\dfrac{R_1}{R_1+R_2}=\dfrac{1}{3}=33.3\%$

第 12 章 习题参考答案

12.1 D/A 转换器

一、填空题

1. 数字　模拟　DAC　2. 数字　模拟　电流　电压　3. 数码缓冲寄存器　模拟电子开关　参考电压　解码网络　求和电路　4. 分辨率　转换精度　转换速度　温度系数　5. 分辨率　6. 转换速度

二、问答题

① 最小输出电压增量对应输出代码最低位为 1 的情况（即输入代码为 00000001），所以当输入代码为 01001111 时，输出电压为

$$U_o = (01001111)_2 \times 0.02\text{V} = (79)_2 \times 0.02\text{V} = 1.58\text{V}$$

② DAC 的分辨率用百分数表示最小输出电压与最大输出电压之比。对于该 8 位 DAC，其分辨率用百分数表示为

$$\frac{(00000001)_2 \times 0.02}{(11111111)_2 \times 0.02} = \frac{1}{2^8 - 1} = 0.39\%$$

12.2 A/D 转换器

一、填空题

1. 模拟　数字　ADC　2. 取样　保持　量化　编码　3. 离散　模拟量　脉冲　脉冲　模拟量　4. 阶梯波　5. 样值电平　离散

电平　6. 量化电平　7. 舍尾取整法　四舍五入法　8. 分辨率　转换精度　转换速度

二、问答题

1. 取样频率下限是 20kHz，所用时间上限是 50μs。

2. n 位逐次渐近型 ADC 完成一次转换操作所需要的时间为 $(n+2)$ 个时钟周期，因为时钟频率为 500kHz，$T_c=2\mu s$，所以转换时间为 $T=(n+2)T_c=(10+2)T_c=12\times 2\mu s=24\mu s$。如果要求转换时间不得大于 $10\mu s$，则 $T_c \leqslant 10/12\mu s$，所以要求时钟频率大于 1.2MHz。

第 13 章 习题参考答案

13.1 只读存储器 ROM

一、填空题

1. 2^{18} 2. 只读 读写 3. ROM PROM EPROM E^2PROM

二、选择题

1. C 2. D 3. D 4. B

三、问答题

1. （1）不可写入数据的只读存储器：

① 二极管 ROM；

② 掩膜存储器（ROM，Mask ROM）。

（2）可写入数据的存储器：

① 一次编程存储器（PROM，Programmable ROM）；

② 可擦除存储器（EPROM，Erasable Programmable ROM）；

③ 电擦除存储器（E^2PROM，Electrical Erasable Programmable ROM）；

④ 快闪存储器（FLASH ROM）。

2. 地址线用于寻找数据地址；数据线用于传输数据；$\overline{CE}$ 为芯片选择信号，低电平有效；$\overline{OE}$ 输出使能控制信号，低电平有效。

13.2 随机读写存储器 RAM

一、填空题

1. $2^{13} \times 8$bit 2. 静态随机/SRAM 动态随机/DRAM 位 64 13 3. 可多次擦写 紫外线照射

二、选择题

1. B 2. B 3. C

三、判断题

1. × 2. √

四、问答题

1.（1）易失数据的随机存储器：

① 静态随机存储器；

② 动态随机存储器。

（2）非易失数据 RAM 存储器：

① SRAM+后备电池；

② SRAM+EEPROM。

2. 静态随机存储器的存储单元由双稳态触发器构成，只要有电源，所存数据就不会丢失；动态随机存储器的存储单元由电容构成，由于电容放电，所存电荷随时间推移消失，因此经过一段时间后，要重新充电（刷新），因此即使有电源，如果不刷新，也会丢失数据。

五、分析题

解：该存储器电路的容量为 $2^8 \times 8$ 位 = 2K 位。

内存地址的范围为 1000000000～1011111111，即 200H～2FFH。

参 考 文 献

［1］ 童诗白，华成英．模拟电子技术基础．5版．北京：高等教育出版社，2015.
［2］ 闫石．数字电子技术基础．6版．北京：高等教育出版社，2016.
［3］ 刘积学，朱勇．模拟电子线路实验与课程设计．合肥：中国科学技术大学出版社，2016.
［4］ 康华光，陈大钦，张林．电子技术基础：模拟部分．6版．北京：高等教育出版社，2013.
［5］ 康华光．电子技术基础：数字部分．6版．北京：高等教育出版社，2013.